U0248951

青少年网络素养读本·第1辑

罗以澄　万亚伟　主编

虚拟社会与角色扮演

XUNI SHEHUI YU JUESE BANYAN

张艳红　著

宁波出版社

NINGBO PUBLISHING HOUSE

总　序

　　互联网技术的快速发展和广泛运用为我们搭建了一个丰富多彩的网络世界,并深刻改变了现实社会。当今,网络媒介如空气一般存在于我们周围,不仅影响和左右着人们的思维方式与社会习性,还影响和左右着人际关系的建构与维护。作为一出生就与网络媒介有着亲密接触的一代,青少年自然是网络化生活的主体。中国互联网络信息中心发布的第40次《中国互联网络发展状况统计报告》显示,我国网民以10—39岁的群体为主,他们占整体网民的72.1%,其中,10—19岁占19.4%,20—29岁的网民占比最高,达29.7%。可以说,青少年是网络媒介最主要的使用者和消费者,也是最易受网络媒介影响的群体。

　　人类社会的发展离不开一代又一代新技术的创造,而人类又时常为这些新技术及其衍生物所控制,乃至奴役。如果不能正确对待和科学使用这些新技术及其衍生物,势必受其负面影响,产生不良后果。尤其是青少年,受年龄、阅历和认知能力、判断能力等方面局限,若得不到有效的指导和引导,容易在新技术及其衍生物面前迷失自我,迷失前行的方向。君不见,在传播技术加速迭代的趋势下,海量信息的传播环境中,一些青少年识别不了信息传播中的真与假、美与丑、善与恶,以致是非观念模糊、道德意识下降,甚至抵御不住淫秽、色情、暴力内容的诱惑。君不见,在充满魔幻色彩的网络世界里,一些青少年沉溺于虚拟空间而离群索居,以致心理素质脆弱、人际情感疏远、社会责任缺失;还有一些青少年患上了"网络成瘾症","低头族""鼠标手"成为其代名词。

2016年4月19日,习近平总书记在网络安全和信息化工作座谈会上指出:"网络空间是亿万民众共同的精神家园。网络空间天朗气清、生态良好,符合人民利益。网络空间乌烟瘴气、生态恶化,不符合人民利益……我们要本着对社会负责、对人民负责的态度,依法加强网络空间治理,加强网络内容建设,做强网上正面宣传,培育积极健康、向上向善的网络文化,用社会主义核心价值观和人类优秀文明成果滋养人心、滋养社会,做到正能量充沛、主旋律高昂,为广大网民特别是青少年营造一个风清气正的网络空间。"网络空间的"风清气正",一方面依赖政府和社会的共同努力,另一方面离不开广大网民特别是青少年的网络媒介素养的提升。"少年智则国智,少年强则国强。"青少年代表着国家的未来和民族的希望,其智识生活构成要素之一的网络媒介素养,不仅是当下各界人士普遍关注的一个显性话题,也是中国社会发展中急需探寻并破解的一个重大课题。

网络媒介素养既包括对媒介信息的理解能力、批判能力,又包括对网络媒介的正确认知与合理使用的能力。为此,我们组织编写了这套《青少年网络素养读本》,第一辑包含由六个不同主题构成的六本书,分别是《网络谣言与真相》《虚拟社会与角色扮演》《网络游戏与网络沉迷》《黑客与网络安全》《互联网与未来媒体》《地球村与低头族》,旨在帮助青少年读者看清网络媒介的不同面相,从而正确理解和使用网络媒介及其信息。为适合青少年读者的阅读习惯,每本书的篇幅为 15 万字左右,解读了大量案例,并配有精美的图片和漫画,以使阅读与思考变得生动、有趣。

这套丛书是集体才智的结晶。编写者分别来自武汉大学、郑州大学、湖南科技大学、广西师范学院、东莞理工学院等高等院校,六位主笔都是具有博士学位的教授、副教授,有着多年的教学与科研经验;其中几位还曾是媒介的领军人物,有着丰富的媒介工作经验。编写过程中,他们秉持知识性、趣味性、启发性、开放性的原则,不仅带领各自的学生反复谋划、研讨话题,一道收集资料、撰写文本,还多次深入社会实践,倾听青少年的呼声与诉求,调动青少年一起来分析自己接触与使用网络的行为,一起来寻找网络化生存的限度与边界。因此,从这个层面上说,这套丛书也是他们与青少年共同完成的。还需要指出的是,六位主笔的孩子均处在青少年时期,与大多数家长一样,他们对如何引导自己的孩子成为一个文明的、负责任的网民,有过困惑,有过忧虑,有过观察,有过思考。这次,他们又深入交流、切磋,他们的生活经验成为本丛书编写过程中的另一面镜子。

作为这套丛书的主编之一，我向辛勤付出的各位主笔及参与者致以敬意。同时，也向中共宁波市委宣传部和宁波出版社的领导、向这套丛书的责任编辑表达由衷的感谢。正是由于他们的鼎力支持与悉心指导、帮助，这套丛书才得以迅速地与诸位见面。青少年网络媒介素养教育任重而道远，我期待着，这套丛书能够给广大青少年以及关心青少年成长的人们带来有益的思考与启迪，让我们为提升青少年的网络媒介素养共同出谋划策，为青少年的健康成长共同营造良好氛围。

是为序。

罗以澄

2017 年 10 月于武汉大学珞珈山

目　录

> ## 第一章　虚拟社会：网络与社会的交融 <

第二章　角色扮演:个体与社会的连接

〉 第三章　社交媒体:角色互动与冲突 〈

第四章　网络空间:情感表达与意见表达

第五章　角色承担:虚拟、现实与未来

第一章

虚拟社会：网络与社会的交融

主题导航

1. 网络是人类社会的新场域
2. 网络空间是一个虚拟社会
3. 虚拟情境与现实情境

　　"网络"是个充满空间想象感的词，从"三天打鱼，两天晒网"到"天罗地网"，它都呈现出交织、覆盖、绵延的样子。它还可以引申到"交通路网""飞行航线网""地下管网""国家电网""有线电视网""生态防护林网"等概念中。可以说，我们今天所处的现代化环境，就是在以网络式分布的现代化基础设施上构建起来的。

　　进入21世纪以来，当我们提到"网络"这个词的时候，很多语境下就是直接把它作为"互联网"（Internet）一词的简称，也就是指将计算机（或其他终端设备）通过通信线路连接起来形成的虚拟网络。我们使用的每一台计算机、手机、平板电脑，或是智能手表、智能眼镜、车载导航仪，一旦接入网络就会生动起来，成为网络的一部分。"上网"不仅意味着计算机联入了浩瀚的数据海洋，也意味着现代人联入了更广阔、更丰富的信息环境，获得了更多的知识自由和知识分享。

第一节　网络是人类社会的新场域

💡 你知道吗？

在医疗界，有一句话："有时治愈，常常帮助，总是抚慰。"

武汉市中心医院有一位蔡常春医生，救死扶伤，深受患者和家属的爱戴，被大家称为"能暖心、能救命"的好医生。蔡医生很善于与病人沟通，他说："医生不仅要看病，更要看病人。看病人，语言沟通和心灵抚慰是第一处方。"沟通，就是蔡医生的"语言处方"。

其实，对于患者来讲，能与医生实现良好的沟通，建立共同抵抗疾病的合作关系，是非常重要的。如果只抱着"看病"的心态，常常免不了心急焦虑；如果抱着"看医生"的心态，能虚心请教医生的专业看法，能体谅医生的忙碌工作，彼此的沟通和合作就可能会更顺畅。

一、人们为什么要使用网络

互联网的迅猛发展只是近几十年的事，但网络时代的到来却是人类发展的必然。

人类社会就是人与人之间的关系所构建的。个人与个人,一旦因为互动交往而连接起来,就会形成一种网络式的关系。有的关系很亲密,比如家庭关系、朋友关系、伙伴关系,也有的关系会弱一些、宽泛一些,比如"泛泛之交""一面之缘""神交之友"等,但无论强弱,这些关系都可能会对个人的生存和发展产生重要影响。

卡尔·马克思曾经说过:"人的本质不是单个人所固有的抽象物,在其现实性上,它是一切社会关系的总和。"我们不妨设想一下,人如果孑然一身,会如何生活呢? 笛福笔下的鲁滨孙独自在荒岛生活时,除了要努力寻找食物求得生存,还每天写日记,用人类的语言与狗说话,用人类的纪年方法制作日历,这就像为自己虚拟了一个亲密的交谈对象或生活伙伴,保持了人类社会的生活习惯,使自己渐渐战胜了恐惧和孤独,从而未曾失去回归人类社会的希望。后来,鲁滨孙营救了野人俘虏"星期五",虽然整个荒岛只有两个人,他们还是形成了类似部落的关系,抵御野蛮人的恶行,合作造船出海,最终回到了英国。至少在《鲁滨孙漂流记》中,人类已经显示出无法抛却"连接式生存"的思维方式了,哪怕身临绝境也要努力创造连接。

1969 年,美国耶鲁大学的克雷顿·奥尔德弗教授提出了一种人类需求 ERG 理论,认为人们都有"生存"(Existence)、"关系"(Relatedness)、"成长"(Growth)三种核心需要,其中对"关系"的需要就表现在人们希望被他人认可和尊重,愿意努力创造一种和谐、融洽、愉快的生活氛围。这和中国古代传统文化中"君子和而不同"（《论语》）、"天时不如地利，地利不如人和"（《孟子》）等观念都是一致的。

人们致力于创造更广阔的联结纽带，致力于创造一种既适于个体发展，也适于互动协作的新型社会关系，于是在信息技术进步的背景下，互联网诞生了。

在相互连接的过程中，人们不断创新着传播沟通方式。最初人类是以自己的身体作为传播媒介，向他人传达信息和感觉的。为了获取信息，我们"察言观色""洗耳恭听"；为了理解信息，我们"绞尽脑汁""再三思量"；为了传出信息，我们"侃侃而谈""眉飞色舞"，甚至"手舞足蹈"。人体就像一个不敢停歇的信息收发器，不断接收、整合、重构和释放着信息，催化着个体意识的生长。有意思的是，因为古人无法解释做梦是怎么一回事，在很多时候，人们会认为梦中

资料链接

"燕梁寂寂篆烟残，偷得劳生数刻闲。三叠秋屏护琴枕，卧游忽到瀼西山。"陆游的《焚香昼睡比觉香犹未散戏作》描写的是古人焚香入梦后的场景。中国很早就有焚香祭祀的文化传统，古人认为缥缈的青烟就像一种媒介，能够将祝福传达至神明。

随着环保观念的普及，在清明节、春节等传统节日，人们更倾向于用鲜花、植树、网络等媒介，向逝者传达思念之情。

收到的信息是来自神明的旨意。

当然,人类很早就意识到了自己的局限,并不断尝试突破限制。用加拿大传播学者马歇尔·麦克卢汉的绝妙比喻来说,"媒介是人体的延伸",各种工具就是人类创造的额外器官,用来帮助人们实现更为开阔自由的传播。1964 年,在《理解媒介 —— 论人的延伸》这本书里,麦克卢汉做了很多非常有意思的比喻,比如弓箭是手臂的延伸,轮子是腿脚的延伸,衣服是皮肤的延伸,文字是视觉的延伸等等,而现实社会中的一切大众传播媒介都是人类中枢系统的延伸。他还预言,当电子媒介普及后,信息可以在个人之间瞬息抵达,人们可以即时接收到来自世界任何一个角落的信息,就像生活在一个名为"地球村"的大社区里。

麦克卢汉的类比充满艺术想象力,论述富有诗意,文字俏皮风趣,可是对当时的人们来说,他的思想实在难以理解,充满争议。就像"地球村"这个概念,在当时的技术背景和世界格局下,人们很难想象这个颇有乌托邦感的"将来"的出现,以及其出现的情境。一时间,有人赞誉他是"电子时代的代言人""伟大的预言家",也有人贬斥他"出尽风头,迎合新潮""胡言乱语",是"走火入魔的形而上巫师"。

直至 20 世纪 90 年代,当互联网一步步席卷全球,新媒体技术不断被发明,人们对"媒介是人体的延伸"才有了真切的体会。比如网络视频通话,是人类眼睛和耳朵的延伸,帮助人们看见远方的亲朋好友,听见来自远方的声音;车载摄像头是眼睛和注意力的延伸,帮助人们看清路面交通情况，保存行车记录证据；智能手表不仅可以看时间，还可以记录人在运动、工作、睡眠等状态下的实时数据，监测人的心跳、血压、血糖等情况；可以想象，未来的智能可穿戴设备的功能将越来越开放、强大，及时监测人们的脑电波、脂肪摄入量等个体信息，接入当时当地的温度、湿度、气压等外部信息，随时为人们提供健康生活指引……我们发现，人类从未如此了解过自己，这种依靠信息技术而实现的全方位感官延伸，被称为"机器第六感"。

二、网络社会是现实社会的镜像

人们在互联网平台中，因交互活动而形成一种虚拟社会关系，林林总总的虚拟社会关系交织融汇成为网络社会。

这里的"虚拟"（Virtual），是相对于现实而言的。例如一个人的身份识别认证方法，在现实社会中表现为他（她）的身份证号码、护照号码、驾驶证号码、毕业证号码等等，而在虚拟社会中则表现为他（她）在各个社交平台、游戏空间、网站或数据库的注册账号。当然，和现实社会比较起来，虚拟社会要灵活得多，富于变化，人们随时都可以在网络中为自己更换头像和昵称，而在现实中，要"变脸"和改名字可没那么容易。

"虚拟"并不意味着虚假、虚幻，而是意味着构成这些身份认证信息的基础都是数字化信息，构建虚拟社会的方法是一些越来越复杂的数字化算法。大家都知道，人们将自己的观察、意见、思

资料链接

    2011 年年初，腾讯公司推出一款名为"微信"的手机聊天软件，用户能够免费与好友快速发送文字和照片，并支持多人语音对讲。2012 年 3 月底，微信用户破 1 亿；2012 年 4 月，微信推出"朋友圈"；2014 年 3 月，微信开放支付功能；2016 年除夕，人们用微信发红包的总次数达到 23.5 亿次。腾讯官方发布的《2017 微信春节数据报告》显示，除夕至初五，微信红包收发数达到了 460 亿个，同比增长 43.3%。其中，广东向湖南发的红包最多。此外，除夕和大年初一两天，微信用户音视频通话时长达到了 21 亿分钟。其中，男性拨打给女性的音视频通话时长占比为 31%，位居首位；其次为女性用户之间的音视频通话，占比 29%；女性拨打给男性的音视频通话占比为 26%；男性之间的音视频通话时长占比则为 14%。

想、观念、看法等内容输入计算机，计算机需要把所有的现实信息都"翻译"成用"0"和"1"组装的代码语言，才能实现开放、高效的运算。随着技术的进步，这些运算日益复杂，包括数据挖掘、数据分析、数据整合、数据应用等，我们迎来的虚拟社会，就是一个在根本上以"0"和"1"为基础的数字化社会。

    网络社会就是真实世界的一部分，就是数字化了的人类社会。在过去的十多年里，我们所处的社会正在转型，日趋成为一个虚拟与现实交融并包的社会。

三、网络能够引领我们超越现实吗

你能否设想互联网普及之前，人们的日常沟通是怎样的？

我们写信，用文字符号传达信息。书信来回的周期，通常由

资料链接

有一种发明于19世纪、流行于20世纪的沟通方式，现在已经退出了我们的日常生活，叫作"电报"。电报是最早用电的方式来传送信息的、可靠的即时远距离通信方式，用编码代替文字和数字进行传输。

在人类使用电波发送讯息之前的漫长年代里，长途通信的主要方法包括驿送、信鸽、信狗，以及烽烟等。驿送是由专门负责的人员，乘坐马匹，接力将书信送到目的地。建立一个可靠及快速的驿送系统需要十分高昂的成本，首先要建立良好的道路网，然后配备合适的驿站设施，在交通不便的地区便不大可行。使用信鸽、信狗通信，可靠性低，而且受天气、路径所限。另一类通信方法是使用烽烟或摆臂式灯号等肉眼可见的讯号，以接力方法来传讯。这种方法同样成本高昂，而且易受天气、地形影响。在发明电报以前，只有最重要的消息才会被传送，而且其速度之慢，在今日看来，是难以忍受的。

两地之间的交通状况所决定,最快也要两三天,如果是跨国信件,可能就需要一个月的时间了。书信的通信费用是按照通信距离、交通方式和信件重量来计算的,寄得越远、信件越厚,邮费就越贵,选择航空邮寄比普通平邮更贵。因为书信来往的节奏慢,频率也不算高,人们需要在书信中尽可能精炼地传达更多信息,这就是所谓的"纸短情长"。

打电话是效率比较高的沟通方式,可以实现一对一的直接交流,省去了延时等待的时间。尤其是手机(移动电话)普及以后,人们可以随时随地拨打电话,不再受固定电话线的限制。电话的通信费用通常是以分钟为单位来计算的,所以在早期电话费比较贵的时候,人们得"争分夺秒"地说话。电话最大的进步在于,我们终于可以用自己的器官真实"感觉"到信息了,所以当我们与亲人、朋友打电话的时候,总是能够在彼此的声音中获得轻松、亲切的感受,不知不觉会聊得很久,"煲"起"电话粥"来。

移动电话的变迁

几乎每一次通信技术的进步，都能得到人们热情的拥抱。我们发现，现代信息技术正在引领人类摆脱越来越多的现实局限，获得越来越多的交流自由。

在网络空间里，人们跨越了时间的局限。信息既可以瞬时抵达，也可以通过"时光机"等软件程序实现定时发送，人们完全可以自由控制信息发送和抵达的时间。哪怕身处不同时区，只要我们同时在线，就可以自由交流。

互联网让人们成功跨越了空间的局限。只要有网络的地方，信息就可以跨越千山万水，通畅抵达。在中国这样一个幅员辽阔的国家，人们通过网络紧密连接起来的意义非常重大。尤其是网络购物平台兴盛以来，城市和乡村之间的信息交流变得频密起来，城市居民可以直接在线购买原生态农产品，农民也可以方便地购买到生活用品，这种信息沟通潜移默化地改变了人们的日常生活方式。

人们期待跨越认知的局限。网络空间为信息互动提供了无限可能，过去看起来很不现实的想法，在网络中有了很多前所未有的机遇。比如写作在过去是一项非常庄重而艰难的事业，人们通常需要经历漫长而孤独的写作过程。作品寄出后如果能够得到编辑的肯定，得以出版或发表，作者才能有机会与读者实现认知交流。对于作者来说，如果能收到读者来信，获得来自读者的反馈（无论是赞赏还是中肯的批评），都是非常幸福的事情。不过网络时代的写作就完全不同了，人们可以在业余时间写作，随时发表在博客、论坛等网络空间中,并且在不断与读者互动交流的过程中,调整自己的写作。只要你愿意,写作不再是孤独的事。

网络正在引领人类获得越来越多的力量,穿越时空,交汇认知。不过自由总是相对存在的,网络带来的自由也不是绝对自由。现实的局限并不会完全消失,就像人类至今仍然生活在地球上,受着万有引力的牵制。

有人认为,网络甚至还为人们新增了一些限制。例如移动手机的各种程序,随时随地都在收集我们的位置信息、行动数据,这些信息被汇集成为大数据,得以分析和处理。只要我们随身携带了手机,就处于一张无形的"天网"之中。今天如果人们想去一个完全没有网络、没有信息的地方,恐怕要走到十分偏僻之处才行 —— 到底要多偏僻才可以呢?在喜马拉雅山脉海拔 5300 米的珠峰南坡大本营,可以通过手机 4G 或 Wi-Fi 高速上网,2017年尼泊尔政府则宣布将在喜马拉雅多个地点实现免费 Wi-Fi 覆盖。

四、"万物互联"时代速写

2011 年 12 月 23 日,一个名为"浙大 CCNT 实验室饮水机"的微博用户突然成了"网红"。这个微博用户这样自我介绍道:"Hi,我是浙大饮水机娘。我在水开和没热水的时候发一条微博。请 @我提建议哦。"

接下来的三天里,这个饮水机拟人化微博账号密集发布了200多条微博,"忠于职守"地汇报着自己的每一次变化。每当水开了,"她"会发一条微博:"主人,我已经沸腾了,快来喝吧~"每当没有开水的时候,"她"也会发一条微博:"禽兽,已经把人家喝光了啦~"语言调皮活泼,"萌力"十足。"她"还懂得在适当的时候说适当的话,比如在上午发出提醒:"主人,请将咖啡杯放入饮水机下,热水已做好热身运动,随时可以跳入咖啡杯的怀抱。"

饮水机微博一出来,就被众多网友热烈转发,引发了许多网络围观。仅三天时间,该微博账号的粉丝数竟然突破了4万。尽管"物联网"(Internet of Things)概念早在2000年就在美国被提出,2009年被列入中国五大新兴战略性产业之一,不过在中国,"饮水机娘"算是第一位物联网界的"网红"。

会卖萌的"浙大CCNT实验室饮水机"是由浙江大学计算机学院的博士生陈龙彪开发的。陈龙彪是福建人,喜欢喝滚水冲泡的乌龙茶。他和同学们在一间很大的实验室里学习,想喝水的时候需要一次次地走过去,看水是不是已经煮开了。为了减少麻烦,陈龙彪想到了这个点子,让同学们可以通过看微博知道饮水机的情况。他花了大约15个小时,用实验室里的闲置器材完成了这个创意。最初的设计思路其实并不复杂:在饮水机上安装一个摄像头,镜头正对加热指示灯,这个摄像头就相当于一个传感器,可以实时监控加热指示灯的"亮"或"不亮"状态。亮灯信息一旦被捕捉到,软件就会自动发送一条设置好的微博。

资料链接

　　美国咨询机构 Forrester 预测, 到 2020 年, 世界上的物互联业务跟人与人之间的通信业务相比, 将达到 30 比 1, 物联网被视作下一个万亿级的通信业务。从"中国制造 2025"到"互联网 +", 都离不开物联网的支撑。至 2016 年年底, 全球物联网累积设备数量已达 63.92 亿个, 到 2020 年, 全球所使用的物联网设备数量将增长至 208 亿个。预计到 2018 年, 物联网设备数量将超过个人电脑、平板电脑与智能手机存量的总和。其中, 消费型可穿戴设备仍将独领风骚, 用于运动健身、休闲娱乐、智能开关、医疗健康、远程控制、身份认证, 眼镜、跑鞋、手表、手环、戒指等不同形态的可穿戴设备渗透人们的生活, 为人们带来更多的便利。

　　经过几年的发展, 物联网领域的成就日益普及到我们的日常生活中, 智能家居、智能交通、智能医疗、智能物流等领域不断出现有趣的创新。不久的将来, 在谈到网络中的社会关系时, 也许就不再仅仅指人与人的关系, 还可能包括人与机器的关系、机器与机器人的关系, 还有人与机器人的关系了, 你说对吗?

第二节　网络空间是一个虚拟社会

💡 你知道吗？

> 1993 年，美国漫画家施泰纳在《纽约客》杂志发表了一幅漫画。画面上有一只狗正在一边上网，一边老道地跟另一只狗传授经验："在互联网上，没有人知道你是条狗。"在网络里，是否可以自由隐藏自己的身份，这可是个有意思的问题。当时，这幅漫画并没有引起多大的关注，但是在后来的 7 年间，人们对它的兴趣却与日俱增，那句话也因此而流传开来。据《纽约客》杂志漫画编辑透露，施泰纳创作的这幅漫画是该杂志中被复制最多的一幅漫画。

一、在网络空间，人们真的可以隐身吗

让我们先从名字说起。你有自己的网络昵称吗？在网络里，你是否尝试过隐去自己的真实姓名，换个身份来交朋友？为自己起网名的时候，你想到了些什么，所以才给自己起了这样一个昵称？哦，还有，你到底有多少名字呢？在玩游戏的时候，在用 App

一个人在社会上不止扮演一个角色

做英语作业的时候,以及在微信中,你的昵称是一样的吗?

"隐身"让我们获得了"交换生活"的快乐。当我们拥有了一个自己新创的昵称时,其实就是为自己设定了一个虚拟的角色,尝试用一种虚拟身份来体验生活。昵称能够寓意我们的内心感受,表达我们的理想身份,一个害羞、不善言辞的人,很有可能在网络上给自己起一个洒脱开朗、侠气十足的名字,一个喜欢嘻嘻哈哈开玩笑的人,也很有可能给自己起一个诗意浪漫、深沉优雅的名字。有的人还喜欢经常更换昵称以"变身",按照今天的心情决定取个什么样的新名字。

"隐身"可以带来一定的心理安全感。隐匿真实身份,意味着人们可以暂时摆脱一些现实限制和顾虑,轻松自由地对事情发表看法。在现实交往中,考虑到他人的感受和反应,人们可能会避免过于心直口快地提意见。不过在网络里,这就相对比较安全了,人们可以通过自己的虚拟角色来直抒胸臆,释放自己的情绪,也免除了彼此面面相觑的尴尬。网络就好像那个可以倾听心事的树洞,既能装下许许多多内容,又不至于让说话的人难为情。

有些人很想发出不同的看法,同时又不想影响自己平日的网络形象,就可能会选择在同一个社交平台上注册好几个账号,常用的或知名度高的那个身份账号叫"主 ID",其他身份账号被叫作"小号""马甲"或"替身"。这听起来不仅仅是"隐身",简直就是"分身术"了。

隐藏真实身份的副作用在于,有些不负责任的匿名表达可能

资料链接

　　希腊神话里有个"皇帝长了驴耳朵"的故事。弥达斯国王长了一对驴耳朵，每个给他理过发的人都会忍不住告诉别人，因而被砍头。有一个理发匠把这个秘密藏得好辛苦，终于在快憋不住时，他在地上挖了一个洞，对着这个洞连说了三声"国王弥达斯长着一对驴耳朵"。说完，他感觉轻松了，用土把坑填平就回家了。谁知不久以后，这个坑上长出了一簇芦苇，每当芦苇随风摆动，就会发出清晰可闻的声音："国王弥达斯长着一对驴耳朵。"从此，所有人都知道了这个秘密。

　　后来这个故事流传到很多地方，"地上的洞"衍化成了"树洞"。电影《花样年华》里最后一个镜头就描绘了这样的情节：男主人公藏了许多心事，辗转来到柬埔寨的吴哥窟，对着一棵大树的树洞倾诉良久，然后用一把草把树洞封了起来。

令事实扑朔迷离，造成谣言、语言暴力或人身攻击的泛滥。在匿名状态中，有些人误以为可以完全摆脱法律和道德约束，无论在网络里说了什么，都不会让现实世界的自己受到影响，因此会散布并不符合事实的谣言（甚至是恶意地扭曲事实），或是言语过激地发表看法，制造矛盾，以求得关注。有些人甚至看到了其中的"商机"，在收取"网络公关费"以后，专门征集一大批人去注册小号，以执行网络匿名行动，组建专门"灌水"发帖的"水军"，刻意攻击竞争对手，或是追捧炒作某些需要提高人气的事情。这些"水军"着实带来不少纷扰，让我们的网络空间风浪不断。

事实上，连"隐身"也只是表象。熟悉互联网基础知识的话，大家就会知道，每台上网的设备都会被分配到一个独一无二的 IP 地址，这就像电脑、手机等设备在互联网世界的身份证号码。无论我们采用什么样的网络昵称，或者注册多少不同的网络账号，其实都与实名设备连接在一起。即便有些黑客能够利用技术手段隐藏自己的 IP，也有更高超的技术手段可以重新侦查到其真实的 IP，从而追寻到上网者的真实身份。因此，互联网世界的"隐身"，更多意义上是一种想象的游戏。

二、从"假面舞会"到"盗梦空间"

在互联网最初普及的十多年，国内外的网站都以匿名登录为主流。人们在网络空间中交往互动，就像在参加假面舞会，包罗万象，自由恣意。

2004 年，哈佛大学学生马克·扎克伯格创办了 Facebook，这个校园交友网站很快风靡全球。Facebook 要求所有的用户以真实姓名作为账号，并且需要提交出生证明、驾驶证等能够确认身份的证件。这就将人们的真实身份直接"移植"到了网络环境里，也把亲戚、同学、同事、朋友等真实社会关系重建在了网络中。

在实名制的网络环境中，人们的行为受到较多合法性监控。

电脑、手机和网络服务器能够忠实地记录日志信息,一切过程都有迹可循。可以说,每个人上网的时候,都被一双双眼睛紧紧盯着,这些"眼睛"就是手机里的App,就是电脑里的程序,就是网络服务器里的大数据。

在中国,在政府的大力推进下,从2015年开始,微博、微信、贴吧等社交平台都推行了实名制,手机号码也实现了实名制。在申请电话号码的时候,人们必须提交一张自己的身份证照片,还要提交一张本人手持身份证的正面照片,以保证是本人亲自申办手机号码。在使用社交平台的时候,尽管人们还可以根据喜好注册账号,起有趣的网名,不必用自己的真名作为账号,但这个账号是与身份证号码、电话号码、银行卡号码绑定在一起的,能够在后台反映每个用户的真实身份。

资料链接

Facebook的创始人扎克伯格认为,不少人之所以喜欢实名制的Facebook,是因为他们希望通过搜索真实姓名寻找朋友,"当人们厌烦了不真实的'虚拟社交'之后,Facebook邀请网民们注册自己的真名,填写真实的学校、工作信息,重新回到阔别已久的温暖的现实生活的怀抱"。对于外界针对实名制的批评,扎克伯格回应说:"互联网世界中已经存在了太多太多的虚拟社区,在那里网民们可以彻底抛掉自己的真实身份和现实生活,投入到虚拟的狂欢中。"

中国政府推广网络实名制

这些信息如此袒露,人们不免会担心自己的隐私安全。如果虚拟空间里的身份被恶意攻击,那么真实生活中的家庭住址、通信录、地理位置、银行存款、个人私密照片、通话记录等信息,是不是就会完全没有保障,随时可能泄露呢?一旦社交网站存在技术漏洞,会不会出现大规模的用户信息泄露现象呢?当我们面临信息被盗窃的情形时,该怎么应对呢?后面我们会讨论到这些问题。

三、在网络空间,可以实现"第二人生"吗

试想这样一个场景,当你在周末的清晨醒来,刚刚睁开眼睛,床头的机器人宠物就轻柔地问好:"主人,早上好!很高兴为您服务!请问您今天想要选择什么度假模式? A.老板模式;B.流浪歌手模式;C.作家模式;D.飞行员模式;E.服务员模式;F.小学

生模式；G. 摄影师模式……"

选择实在太多了，而且都是你感兴趣的，因为它是根据你日常关注的数据信息做出的推荐。你与机器人宠物交流了一番，最终决定选择"桥梁工程师模式"来度过这一天。机器人点击了订单，今天你所需要的所有装备、交通工具就都一键到货了，在十分钟之内被运送到了你家。趁着吃早餐的时间，你快速下载和吸收了作为桥梁工程师所需要的专业知识，顺便还了解了桥梁设计社交圈里最近流行的笑话和逸闻，然后打扮妥当，出门度假。

在路上，你遇上了好几位"同事"（或者说是"旅伴"），他们和你一样，今天也选择了设计和修建桥梁，大家一见如故，聊得非常开心——因为在早上出门前，你已经收到过他们的网络问候了，而且你们已经做好了分工，现在是一个团队了。

哦，今天的装备、交通工具、知识需要花费 1000 个经验值，这些花费会在你当天工作所得的经验值储蓄中扣除。

如果能够体验其他类型的工作，其趣味性和挑战性远远大于身心疲劳，且学习工作所需的专业知识也是相当轻松的事，你会用工作的方式来度假吗？

如果可以体验其他年龄或身份呢？比如用一个星期的时间，沉浸式地体验 80 岁老人的生活状态。再比如，来体验准妈妈们在怀孕时候的状态。

我们可能想当然地认为，像在餐馆点菜一样地"下单"选择人生，听起来实在不切实际。不过互联网今天能够赋予我们的选

资料链接

　　过去有种职业叫作"算命先生"，靠预测人的命运为生。除去玄学的解释之外，受欢迎的算命先生其实都是"医师＋心理咨询师＋人生规划师"。他们在分析一个人的时候，首先会观测对方的容貌、气色、表情和体态，还会留意这个人来自什么地方、着装如何、有没有陪同人员等信息，然后对其当前生活状态做出一个基本的综合判断。最后，算命先生对忧愁的人进行开导，对喜悦的人进行警醒，从心理上对症下药，让来访的人常常有豁然开朗之感，能够信心饱满地继续自己的生活。

　　这种"数据收集 — 数据分析 — 信息整合 — 对策应用"的工作流程，是不是很像互联网给我们每个人提供"人生指引"时所用到的算法呢？

择，其实已经越来越丰富，越来越细致入微了。当我们打开购物网站，互联网早已计算出了我们可能感兴趣的商品类型和款式；当我们打开新闻客户端，互联网已经推送了根据我们的喜好订制的新闻；当我们打开社交平台，互联网能够给我们推荐很可能会关注的朋友；当我们打开智能手环的数据平台，互联网能够提供符合我们身体特征和生活习惯的健康指导；当我们打开网络游戏，我们会感受到更多新奇挑战，因为互联网提供了一个个充满

未知的生活实验 …… 大数据对我们每个网络用户的了解之深，常常甚于我们对自己的了解；互联网为我们提供的生活方式选择，越来越切实地改变着我们的生活。那么，拥有"第 N 人生"，又为何不会实现呢？

四、虚拟社会不等于虚假天堂

先问个小问题：早晨刷牙的时候，你会先把牙刷蘸湿了再挤牙膏，还是直接把牙膏挤在干的牙刷上？

到底怎样刷牙才是对的？ 如果你想要上网找答案，有可能会越看越迷惑。在网络里，两种意见都有，而且看上去都颇有道理：一种意见认为，刷牙前要先把牙刷浸湿，否则干燥的刷毛容易损伤牙龈，引发牙周炎；另一种意见认为，牙刷不能先蘸水，也不能先漱口，因为水会使牙刷、牙膏、牙齿之间的摩擦力变小，影响刷牙效果。如果从文章的数量来分析，"先蘸派"比"不蘸派"要略少一些，主张"干刷"的专家会略多一些。

连刷牙都变成了悬而未决的"公案"！

在互联网出现之前，信息还没有海量存在，报纸、杂志上的专家意见总是比较权威的。现在，人们越来越发现，由于互联网孵化了海量信息，各种观点和态度并存于网络中，再加上人们能够自主查阅信息、搜集"证据"，所以如何从海量信息中做出自己的判断，就成了非常重要的能力。

网络传闻求证互动节目《是真的吗？》

中央电视台财经频道（CCTV-2）有一档节目叫《是真的吗？》，是一个专门验证和求证网络传闻的互动节目，从2013年就开始播出了。主持人通过寻访专家、现场实验、真相调查等手段，对网络上流传的种种说法进行求证。节目选题涉及民生、健康、科学、社会等内容，很多选题都来自网友爆料。比如2017年3月11日播出的节目里，这些选题就很让人好奇："虾头变黑是因为重金属超标，是真的吗？""手上长倒刺就是缺乏维生素，是真的吗？""不老松指的不是松树，是真的吗？""利用锡纸就可以录下声音，是真的吗？"

"在网络上看流言，在电视上看辟谣"，这可算不上对虚拟世界的恭维。把网络说成是造谣的"元凶"，实在是冤枉它了。

流言并不是网络专属的。在网络出现之前，流言也常常会以悄悄话、八卦、秘闻、内部消息外露等形式存在，尤其是关于传染病、地震、辐射、明星绯闻、股市等比较容易引发大众关注的消息，一旦传播开来就很容易爆发式地引发关注，甚至造成恐慌，给人们带来很多麻烦。

资料链接

　　如果网络真成了流言的主战场，我们应该怎样锻炼自己的甄别能力呢？这里有一些小建议：

　　1. 不妨观察一下，消息的源头在哪里。有些消息的源头很不清楚，只用"据悉""据说""据有关人士"等含糊不清的说法；有些被转载的消息没有说明出处；有些发布消息的网站（或者自媒体）曾经发布过不少假消息，信用很差。这些消息最好都不要轻易相信。

　　2. 可以寻找不同渠道，跟踪消息进展。重大的新闻事件，最初可能会以流言形式爆出来，不过如果事件是真实的，很快就会有比较权威的媒体进行跟踪报道。即便是谣言，也很快就会出现在"微博辟谣""微信辟谣"板块，所以看到不确定的消息后，可以搜索"某某消息＋谣言"关键词，也许就可以较快获得求证结果。

　　3. 尊重科学和常识，通过行文逻辑来判断。有些文章标题很是骇人听闻，比如"紫菜是用黑色塑料袋做的""可乐瓶含毒""微波炉可以致癌""无籽葡萄是用避孕药种出来的"，还有刻意让人感到恐慌的社会新闻，比如"洪水来袭，政府决定放弃农村保城市""艾滋病人报复社会"，仔细看文章，你会发现这些消息都是违背科学常识和社会规律的，文章中的叙事常常存在许多显而易见的逻辑漏洞，很容易被识破。

　　4. 尽量避开哗众取宠的标题党。许多网络文章标题为

"不转不是中国人""李嘉诚的自白""马云的十大真相揭秘""惊呆了，××市即将成为直辖市"，这些文章为了赢得点击量和转发量，成为"爆炸性新闻"，常常不惜代价吸引读者眼球，在事实可靠性上也不太有保障。尤其是有的文章，连标题都注明"万一是真的呢？"或是"信不信由你"，恨不得把造谣的责任完全推给那些听信传言的读者。

　　流言是一种"社交流行病"，就像人会得感冒一样正常。避免感冒的伤害，最好的办法，恐怕就是要提高自己的免疫力，增强抵御"流行病"的能力，你说是不是？

五、虚拟社会的"生命周期"

　　就像生物要经历一个生命过程，我们可以设想网络系统也有"生命周期"。从一个网络概念或品牌被提出来，这个"生命体"的周期就开始了，经过孕育、诞生、成长、成熟到衰亡，构成一条完整的生命链。不计其数的互联网"生命体"兴衰起伏，交融成一个生机勃勃的网络生态圈。

　　在虚拟社会里，我们对网络生态变化的适应能力，可能比想象中要强大得多。

互联网诞生以来，各种产品和服务的更新换代都非常快。《电脑报》在1998年曾经发表过一篇文章，列出了当时最优秀的十大中文网站，分别是"中国比特""国中网""金蜘蛛软件下载中心""网易""上海热线""新浪网""搜狐网""索易网""深圳热线"和"中文热讯"。这些当时最知名的中文网站，至少有一半现在已经无法浏览了，即使仍然"活着"的网站，它们的热度也远远不能跟1998年的热度相比了。

资料链接

　　很多互联网的产品和服务，在初创时曾经令人激动澎湃。比如1999年曾经有一个网站叫Chinaren（中文名"中国人"），其中有个非常有意思的功能叫作"校友录"。用户可以在这里找到自己从幼儿园到大学的校友、同学，大家可以在聊天室里"开班会"，还可以在班级主页上发表自己的意见。

　　不到一年的时间，Chinaren就风靡全国，成为年轻人非常喜欢的网站，是当时互联网社交很有代表性的产品。1999年年底，Chinaren网站被搜狐网并购，网站保留了"校友录"的功能，减少了其他的门户网站功能，影响力有所减弱。2003年以后，伴随着QQ群、微博、微信等工具的相继流行，网站用户活跃度大大降低，因为缺少维护和更新，"校友录"功能也渐渐淡化了。

其实，不仅网络内容提供商（Internet Content Provider，简称ICP）有"生命周期"，网络系统的类型也有"生命周期"。网络系统是在更新迭代中实现整体进步的，只有受人们欢迎的优质"基因"才能够不断流传下去。

在网络刚刚开始流行的时候，如果一个人想搭建自己的网络空间，需要先学习"超文本标记语言"（一种用来设计超链接网络的计算机语言，英文缩写HTML），寻找合适的网络服务器空间，然后用代码语言"写"出自己的网站，创造出文本、图片相结合的复杂页面。因此在早期互联网时代，拥有自己的主页有比较高的门槛，经过一定时间的学习和实践才可能实现。

博客的出现，改变了这个状况，简化了人们创建自己的网络空间的途径。1999年，美国的Blogger、BigBlog Tool、Diaryland等网站推出了免费的软件，提供免费的服务器空间，供人们自由发布、更新和维护自己的主页。这些软件非常简单好用，"博主"（Blogger）们不需要经过任何训练，就能够自行完成操作，建立简洁明了、个性化的个人网站。2000年以后，中国的网易、新浪、搜狐等门户网站都推出了博客服务，吸引了大量网络用户的参与。人们常用的QQ空间（QQZone），也是以博客形态存在的个人主页。

博客仍然存在一定的门槛，人们通常会认为博主需要具备比较好的写作能力，发表在博客的文章，多多少少都要关注一些逻辑、结构和语言方面的问题。不过，2006年，社交媒体（Social

Media）的出现再次改变了人们的网络分享习惯。比如微博一开始规定，每条微博的字数都必须限制在 140 个字以内，以便于分享和转发。这样的设计，完全摆脱了此前对博主写作水平的要求，往往是一个直白简单的短句子就能成为话题，"引爆"社交网络。

我们不难发现，伴随着原有网络类型的衰落，网络空间的功能在整体上实现了进步，朝着越来越方便、简单、平等的方向不断变化，令人们拥有了更多网络生存能力。

第三节 虚拟情境与现实情境

你知道吗？

2016 年，有一段舞蹈比赛的短视频风靡网络。

那是《美国达人秀》的比赛现场，两位黑衣舞者上场。音乐响起，他们并没有跳跃起来，而是躺在了地上，用躺着的姿势扭动身躯，完成肢体的各种变化。舞台的大屏幕上，各种场景不断变换，有时是家里的客厅，有时是星空和天际，有时是瀑布的中央,有时是充满几何体的抽象空间。两位舞者扮演一对恋人,他们躺着舞动的身躯,通过特殊的摄像机映射、输入到大屏幕的画面里,就形成了他们的爱情故事:他们在客厅里争吵,回忆曾在星空中漫步,在天空中与鸟儿牵手,在瀑布中央拼尽全力不想分开,在抽象空间里沉淀和思考……最后他们回到了客厅,重归于好。

这是一种把虚拟场景和现实舞蹈交织起来的崭新艺术,跳出舞台布景的限制,让舞者完成了星空漫步。观看舞蹈的人们为这样的特效技术而欢呼。不过,我们的思考还可以更进一步。你是否想过,技术的发展有可能为人类的未来带来怎样的突破?

设想一下,如果这两位舞者并非肢体健全人士,而是没有下肢的残障者。虽然他们无法在现实中站起来,但在虚拟世界中,他们能够自由舞蹈,幻化出自己的身体节奏和美感,应该能够激励很多人吧!

一、线下生活的网络延伸

2016 年 3 月 29 日至 4 月 5 日,一个名为"黑镜实验"的活动在网络上掀起了一场话题。

这个实验邀请一位认为自己有"网络依赖症"的志愿者,屏蔽包括智能手机在内的所有电子屏幕,进行为期一周的"断网"

生活,并将自己的生活在腾讯网全天 24 小时向公众直播。参与实验的志愿者名叫史航,是一位著名的编剧、作家,在网络上拥有不少粉丝。在这七天里,他读书、看杂志、写信、喂猫、吃饭,可以用按键式的老款手机打电话,但必须要隔离一切电子屏幕,就连外出会见朋友的时候也要随身携带一副黑色的眼罩,避开所有可能看到"黑镜"的机会。每天晚上有一个"树洞时间",史航可以面对镜头跟网友聊聊天,回答一些来自网友的提问。观看这个直播的人数,陆续达到 230 多万。

从不习惯到慢慢放松,7 天过后,实验顺利结束。当史航走出"孤岛"的时候,他说自己最失落的事情是无法看到网友的弹幕评论,不能与人们在网络里互动。

有意思的是,在 1999 年,有过一场与"黑镜实验"完全相反的活动,也曾成为全社会的话题,叫作"72 小时网络生存实验"。

这个实验邀请了北京、上海、广州三地共 12 位志愿者,居住到酒店里。酒店房间除了一张光板床之外,只有一台可以上网的电脑,还有一张内有 1500 元的信用卡。当时电子购物刚刚起步,很多购物网站还不能实现网络支付或是送货上门,还有的网站要下单 3 天后才能发货,所以为了买到生活用品、水和食物,志愿者们吃了不少苦头。幸好当时有一家主营电子商务的网站(8848 网),作为活动的赞助商,加大了网络购物的服务力度,要求值班人员满足所有订单要求,无论多远都要尽快送到。

回望 1999 年的那场实验,当时参与活动的电子商务网站,有很多都已经不再运营了，成了历史。"72 小时网络生存实验"与"黑镜实验"之间相隔了 17 年。这 17 年间，人们的生活常态从"无法靠网络生存"转变成了"无法离开网络生存"，发生了翻天覆地的变化。目前，中国是全世界移动支付和网络购物最发达的国家之一，网络几乎没有死角地延伸进了线下的生活场景，人们的衣食住行和娱乐、社交、购物几乎都离不开网络了。

二、线上生活的现实体验

如果能够自由来去，你愿意身处网络游戏场景里，体验一场"实战"吗？如果可以选择，你想先去"帝国时代""魔兽世界""大航海时代"还是"无人深空"呢？

在娱乐方面，把虚拟场景"移植"到现实生活，最早的成功典范是全球知名的迪士尼乐园。从动漫电影"移植"而来的乐园还有 Hello Kitty 主题公园、功夫熊猫主题乐园等。还有一种从影视作品"移植"而来的娱乐公园，如环球影城（美国、日本、新加坡等）、横店影视城（中国浙江）、镇北堡西部影城（中国宁夏）等，人们可以游览电影中的场景，体验电影涉及的内容和故事。在中国，有一些文学名著也被"移植"到了现实中，人们修建了"大观园"（北京）、"水泊梁山"（山东）等，重现了文学作品中的虚拟想象。

艺术作品的虚构情境，一旦被营造成现实场景，就能够使我们真正身临其境，视觉冲击力很强。因为我们很熟悉原来的文

资料链接

　　1923 年，华特·迪士尼制作公司创办于美国加利福尼亚州，此后，它成为世界上第二大传媒娱乐企业。近百年来，迪士尼公司创作了《白雪公主》《小飞象》《爱丽丝梦游仙境》《101 斑点狗》《美女与野兽》《阿拉丁》《玩具总动员》《狮子王》《冰雪奇缘》等数以百计的动画长片，几乎每年都有"年度大片"推出。迪士尼最经典的动画形象"米老鼠"诞生于 1928 年，算起来已经快 90 岁了。

　　1955 年，迪士尼公司在美国加州开设了第一家迪士尼主题乐园。在这里，曾经出现在电影里的经典动画形象都成了游乐园的主人，有造型梦幻的各种探险游戏装置，有充满创意和想象力的动漫餐厅，有热闹的集市、漂亮的城堡，还有以迪士尼动画为主题的各种衍生商品。之后，又有五座迪士尼乐园相继建成开放，分别位于美国奥兰多、日本东京、法国巴黎、中国香港和中国上海。

学、电影、动画片作品，对故事有着共同的回忆，对人物（或是卡通形象）有着共同的情感，所以在这样的主题公园里，常常会获得更多认同感，玩得更投入。

　　目前，从网络"移植"到现实的体验式娱乐场景越来越多。2011 年，"环球动漫嬉戏谷"在江苏常州开园，这座主题乐园就是以虚实互动的游戏文化体验为特色的。这里设置了"摩尔庄园"（迷你景观场景）、"传奇天下"（中世纪复古游侠场景）、"星际传说"（未来主义场景）、"迷兽大陆"（魔幻狂野场景）等动漫文化体验区，各种游戏设备都被赋予了游戏精神。在 3D 影院，观众可以一边观看游戏主题电影，一边控制座位上的游戏操纵杆，直接参与到屏幕中正在上演的游戏里去，经历各种惊险的情节。"嬉戏谷"里有个"欢乐港"，安装了许多体感游戏装置，人们无须电脑鼠标和键盘，只要活动肢体就可以打球、舞蹈、格斗，在逼真的游戏世界里挥洒自如。

2016 年，风靡一时的手机 Pokemon Go 游戏，让虚拟玩家更为彻底地回归现实。在这款游戏里，游戏场景就是城市生活实景，主人公需要在真实的街道上行进，在真实的建筑物周围寻找目标"小精灵"，而这些场景和行为都会反映到手机显示的游戏拟态里面。人们走出家门，在大街小巷、公园、商场、车站等公共场所捕

虚拟现实主题公园正在兴起

捉"小精灵",因为一个虚拟游戏而参与了真实的集体活动,在世界许多城市掀起了热潮。

在中国,也有游戏设计师创作了类似的游戏。比如在春节期间,在城市购物广场"撒放"1000个虚拟红包,然后通过社交媒体或者游戏平台发布活动通告。活动开始时,虚拟红包被解锁,现场的参与者们就可以在购物广场里启动"搜寻行动",看是否有好运可以抢到虚拟红包。对于想要提升人气、吸引购物人群的商家来说,这个办法听上去很不错呢。

三、网络语言让你的生活改变了吗

你认识"囧"这个字吗?

可能你会说这算什么生僻字呢,从小就认识了。我们不仅在口语中用其来形容一种无奈、困窘、极度尴尬、自我嘲笑的心情,而且好几部电影的名字都有它:《人在囧途》《人再囧途之泰囧》《港囧》……在网络文化里,"囧"字的"出镜率"可真是挺高的。你可能想不到,这个字是在2008年才为人们所熟知的,是一个典型的"网络生造字"。

虽然"囧"字早在中国甲骨文里就出现过,不过它一直被认为是"冏"的异形字,本义是光明,和"炯炯"同义,后世用得很少。之所以会在网络文化里走红,是因为它的字形,你看,"囧"字一张朴实的方脸,两道郁闷的八字眉,一张"张口结舌"的大嘴巴,像极了一个"大写的尴尬"。因为网络空间里的人们很习惯用小玩偶"表情包"（emoji）来表达自己的心情，所以表意能力这么强的

资料链接

　　网络文化改造了我们的语言，语言变化又再造了我们的日常生活。在网络空间里，非文字形态的"语言"也是网络语言的一部分。大家应该很熟悉emoji表情符号吧？就是那些圆圆脸的表情图，幽默可爱，可以用来表达各种心情。一条加入了emoji的文字信息，看起来会更人性化，虽然隔着屏幕和网络，却让我们感觉彼此正在面带表情地交流。

　　这些表情符号被命名为"绘文字"（假名为"えもじ"，读音即emoji），其创始人是日本的栗田穰崇。早在1999年，栗田穰崇和同事们就创作出了176个emoji，可以在黑白的小屏幕手机上使用。这些早期的表情符号并不是手绘的，而是用一个一个像素点堆积而成的，看起来还比较拙朴可爱。在传送信息的时候，每个图形占2个字节，相当于一个汉字，而表意能力又非常强大，可以轻松表达各种情绪，因此深受欢迎。

　　2011年，苹果公司发布IOS5（即第5版苹果移动操作系统），在输入法中植入了emoji。随后，安卓系统和其他大多数计算机系统都采纳了emoji，并且根据不同系统版本做了优化和个性化改良。emoji成为世界上大多数地方都通用的表意符号，被认为是一种"网络世界普通话"。

汉字,很快就流行起来了。最巧合的是,它的发音与"窘"字完全相同,这就在字形和语音上实现了同步,每当看到这个字,那种自嘲有趣的风范都会让大家会心一笑。

每年年末,很多机构都会发布"年度十大网络流行语"。许多报刊编辑部、门户网站通过盘点一年的网络热词,来反映这一年人们的网络心态,折射社会发展的刻度。

2016年的网络流行语中有个热词叫"洪荒之力",就反映了社会的变迁。这个热词源于参加里约奥运会的中国游泳队队员傅园慧。她在100米仰泳半决赛中取得了出色的成绩,在接受记者采访的时候,她活泼俏皮地说:"我很满意!""我已经用了洪荒之力啦!"因为表情很丰富,肢体语言很夸张,个性也非常可爱,很快这段小视频就在网络上广为流传。网友还连夜创作了傅园慧的"表情包",在微博、微信里热烈转发,距离比赛结束不到24小时,"洪荒之力"就成了人人皆知的网络流行语。

20岁的傅园慧,倾尽全力地参与训练、投入比赛,而且能充分享受体育运动的快乐,有着非常阳光的心态。这和过去几十年中国运动员相对刻板、拘谨的形象大不相同,人们被新生代运动员的个性魅力所感染,看到了时代赋予我们的进步。

四、有了在线教育,为什么"上学"依然重要

在线教育,就是通过网络方式进行教育和学习。在很多国

资料链接

2014 年，中国移动教育市场用户规模达到 1.71 亿人；2015 年达到 2.49 亿人，增长率为 45.6%。

58.3% 的在线教育用户表示一周使用一到两次，32.6% 的用户表示基本每天都会使用。

30.7% 的在线教育用户表示想起的时候就会打开应用，22.1% 的用户在无聊的时候使用，18.9% 的用户会按学习计划准时打开应用。

31.4% 的在线教育用户认为目前在线教育服务难以形成较好的学习氛围；另外，无法与教师形成有效互动、教学内容质量不高也是用户担忧的主要因素，两者分别占比 21.2% 和 16.9%。

家，互联网普及是从大学校园、科学研究机构开始的，所以人们最初常把它看作新潮的学习工具。

人们很早就把互联网技术应用到了教育领域，把录播的名师课堂视频搬上网络空间，通过联网电脑进行全球同步考试，通过科研数据库了解各行业的最新知识成果，在教育主题的 BBS[1]论坛里讨论学习问题，在 QQ 群里交流学习资料。由于网络带宽

---

[1] BBS，电子公告牌系统（Bulletin Board System，英文缩写 BBS），最初只能发布和浏览纯文字信息，后来发展为形态比较丰富的"论坛"。人们可以在 BBS 中讨论问题，形成主题列表，还可以互相发送站内邮件。

限制,那个时候的在线视频还很难实现高质量、高速、流畅的播放,人们对它的利用率还不太高,利用效果也不太完善,所以直到4G、Wi-Fi等网络技术发展起来以后,网络视频传输效率大大提升,在线课堂才得到了真正的普及。

在线教育有很多好处。第一,它有助于我们自由、自主地学习。在我们所处的现实社会里,教育资源分布是很不均衡的。有了互联网在线教育,人们就有可能突破空间的限制,在世界不同角落都能获得高质量的知识和培训,获得丰富的教育资源。人们还可以突破时间限制,利用在家、排队、坐车、运动等碎片时间进行学习。

第二,在线教育的成本比较低,有助于人们养成终身学习的习惯。我们无须花费整块时间上学,无须支付交通费去学校,如果是通过免费学习平台学习,也就无须支付学费(只要付出上网流量费),这就大大降低了学习成本。对于已经从校园毕业的学习者来说,在线教育给大家提供了价格低廉的学习机会,让终身学习成了一种生活方式。

第三,在线教育融合了多样化的教学方式,有助于我们深度学习。当我们观看课堂视频的时候,还可以同步浏览课程PPT和其他学习资料,直接在互动栏目里向老师提问,与老师、学伴们交流。在线教育甚至可以与网络游戏关联起来,用游戏和竞赛的方式来促进学习。

在线教育的资源非常丰富

　　这么一来，你可能会问，那我们每天"上学"还有价值吗？在线教育能否完全取代在校教育呢？

　　我们有必要先想清楚，学习到底是一个怎样的过程。我们通过很多方式，比如阅读、听讲、研究、观察、理解、探索、实验和实践等等，来认识和感知世界，获得知识、经验和技能。通过学习，一个人不仅能懂得更多东西，理解更多东西，还能让自己的情感得到多维体验，让自己的价值得到体现，所以学习就是一种个人成长方式，让每个人有机会变成更好的自己。

　　比如说学习演奏乐器要经历漫长而枯燥的训练，对于大多数人来说，这都是件不容易的辛苦事。很多人学乐器的初衷，并不是想当音乐家，而是想要领略音乐的美好，陶冶情操，同时磨炼自己的意志，形成坚毅持久的品质。

　　在校教育作为一种系统化的教育方式，最大的好处是能够让学生融入"小社会"，与老师、同学们一起探索社会交往的乐趣，获得协同工作的经验。班级是微缩的社会,也是一个相对安全、温暖的小环境,在这里,大家的合作和竞争就像是一种"社会实验",允许小小的错误,允许彼此成长中存在一些小问题。每个人都有不同的性格、喜好、长处或缺点,通过日常相处中积累的阅历,学生的人格成长会比较完善。

古人说"学而优则仕",还有人说"学而优则商",不过在未来时代,我们会更适应"学而优则创"。学习本身不是终点,学习是为了创新和创造,为社会回馈更大的价值。这里的社会,当然不仅仅是指虚拟社会,更包括现实社会。因此,只要我们身处的世界仍然是虚拟与现实相融合的状态,"上学"就仍然是件有价值、好玩的事情。你同意吗?

💬 讨论问题 ·································

1.你遇到过网络谣言吗?你相信了吗?你是如何发现它是谣言的?

2.发布自拍照片,有可能带来隐私泄露的风险,但这并不妨碍很多人自拍、分享。你是怎么做的?你认为这样安全吗?

3.写作文时,你会用网络流行语吗?为什么?

·································

第一章

角色扮演：个体与社会的连接

主题导航

1. 现实社会中人们的角色意识
2. 人际交往的距离与空间
3. 网络情境中的角色体系

　　有句老话说,"人生如戏,戏如人生"。很久以前,人类就懂得用戏剧来表现和展示现实生活。人们从生活中的观察、体悟和反思出发,用戏剧的形式反映生活。可以说舞台上上演的戏剧,就是人类社会生活的缩影。对于那些看戏的观众来说,舞台上的表演,让他们有机会看到人生万象。幕布开启,粉墨登场,悲欢离合的命运牵动着观众的心,触动着人们的灵魂。

　　社会学家从戏剧术语里得到了灵感。如果说社会就像个没有边界的舞台,那么生活在这个世界上的人们就好像扮演角色的演员。我们赖以生存和交往的各种法律、道德、伦理,就是这个舞台上的规则。

第一节 现实社会中人们的角色意识

💡 你知道吗？

毕加索有一句名言：每个孩子都是天生的艺术家，问题是怎么在长大之后仍然保持这种天赋。

美国儿童艺术课程 Abrakadoodle 的创始人玛丽·罗杰斯认为："艺术教育真正的价值，并不是培养艺术家，甚至不是提高孩子的智力，而是培养不同的方式。除了艺术的具体技巧之外，艺术课程还锻炼孩子的认知能力、好奇心、实验精神、冒险精神、灵活性、隐喻式的思维方式、审美等等，其中很多是常规课堂上缺失的。"

你喜欢戏剧吗？有没有尝试过演戏？演戏的感觉是怎样的呢？如果你觉得自己的戏剧体验很有限，不妨回忆一下童年吧！

大多数人在人生最初几年，都是天生的表演家。过去的孩子们没有太多玩具可以玩，也没有网络游戏，大家玩得最多的游戏就是"过家家"了。湛蓝的天空是最漂亮的天花板，在泥土地上画个圈圈，就是自己的小领地，用砖块摆成小桌子，用大大小小的树叶做盘子和碗。几个伙伴分好角色，通常有"爸爸""妈妈""宝宝""哥哥""姐姐"，有时"剧情"复杂起来，还会有"警察""老师""医生""司机"，甚至要一人分饰多个角色。孩子们自编自导自演，充满童趣。

"过家家"就是一个"孩子王国"。儿童通过游戏，学习和模仿成人世界的交往规则，探索确立自己的游戏规则。这是多么出色的学习方法！一切顺其自然，富有创意和胆识。

在"过家家"游戏里，没有人会怀疑孩子的演技不够好。儿童以他们的视角观察世界，尝试理解成人的交往方式，将他们的所见所闻都转换成"剧情"。如果你仔细观察，在儿童的"模仿＋创作"再现过程中，"剧情"和"表演"都反映了他们所处的社会境遇和心理感受。由于儿童的逻辑思维发育尚不完善，如果你用提问的方式，他们可能无法完整、准确地表达自己的感受。因此，教育学家认为，虽然现在的玩具多了，人们有了很多娱乐手段，但"过家家"仍然是非常好的儿童心理疏导手段，也是我们鼓励孩子实现人格成长的良好教育方法。

一、社会是个大舞台

我们通常认为，舞台是个空间概念。提到舞台时，我们总是会想到某个非常具体的形态构造。多数舞台是平台式的，也有的舞台是凸出式的，或是升降式、旋转式……有时候，为了达成一定的表演效果，演员甚至会来到观众席，在观众身边展开表演，这可以说是"浸入式"的舞台了。无论怎样设计，舞台就是一个特定的表演空间，它可以使观众的注意力集中于演员的表演，并获得理想的观赏效果。

北京画家马海方先生笔下的天桥旧影

旧时代的老北京城里，有座横跨龙须沟的"罗锅桥"。因为明清时皇帝到天坛、地坛、先农坛祭祀，这座桥是必经之地，所以也叫"天桥"。在天桥附近，酒馆、茶馆林立，人流如织，活跃着许多江湖艺人。他们找一块空地，画个白圈儿，就是自己的表演场，有的演杂耍，有的说相声，还有的唱鼓、说书、表演口技、放西洋景……有些"舞台"稍微正式一些，租用临时场地，叫作"瓦舍""勾栏";还有些艺人租不起场地,完全是街头演出,行走江湖,走到哪里就演到哪里,这叫作"撂地"。对于江湖艺人来说,他们的舞台就是街道、空地、茶楼、寺庙,他们的观众就是来来往往的人群,他们的"票房"就是用小碗向观众讨来的辛苦钱。这种热闹的街头舞台场景,茅盾先生在散文《香市》中曾经描写过,在动画电影《功夫熊猫Ⅰ》里也有精彩的展现。大家感兴趣的话,可以去读一读,看一看。

其实,戏剧还是一种充满时间感的艺术。在舞台上,每一秒钟都是瞬间流逝的。尽管演员在上场前经历过许多次排练,但每次的即兴反应都会真实呈现在现场表演里。尤其是当观看者与表演者之间产生互动的时候,台下的关注和掌声都被融入台上的表演之中,观众和演员共同造就了共鸣时刻。

与之相似,社会舞台也是交汇了的时空。

中国古典四大名著之一的《红楼梦》,是清代小说家曹雪芹创作的经典文学作品。曹雪芹出身于一个显赫一时的大官僚地主家庭,后来父亲因事受株连,被革职抄家,家庭的衰败使曹雪芹饱尝了人生的辛酸。在《红楼梦》第一回"甄士隐梦幻识通灵,贾雨村风尘怀闺秀"中,作者借小说人物之口,用一篇《好了歌解注》,表达了对"人生是个舞台"的看法,也诠释了全书皆为"红楼一梦"的立意。

陋室空堂,当年笏满床;

衰草枯杨,曾为歌舞场。

蛛丝儿结满雕梁，绿纱今又糊在蓬窗上。

说甚么脂正浓、粉正香，如何两鬓又成霜？

昨日黄土陇头埋白骨，今宵红灯帐底卧鸳鸯。

金满箱，银满箱，转眼乞丐人皆谤。

正叹他人命不长，那知自己归来丧？

训有方，保不定日后作强梁。

择膏粱，谁承望流落在烟花巷！

因嫌纱帽小，致使锁枷扛；

昨怜破袄寒，今嫌紫蟒长。

乱烘烘你方唱罢我登场，反认他乡是故乡。

甚荒唐，到头来，都是为他人作嫁衣裳！

无论"当年笏满床"，还是"曾为歌舞场"，待"乱烘烘你方唱罢我登场"，落幕后都"甚荒唐"。这些警醒深刻的句子，尽管呈现了一定的消极避世思想，但也是曹雪芹经历了家族兴衰历程后苦痛心境的切实体现。

二、你就是主角

戏剧舞台通常会借助灯光效果来突出焦点。当灯光映射在某个角色身上时，他（她）的对白、动作、神情，他（她）的一切都受到关注。

在我们的人生舞台上，总会出现很多角色，有父母、亲友、竞争对手,还有许多擦肩而过的陌生人。有时,我们会沉浸在与他人的交互和情感中;有时,我们会比较清醒、独立,能够更纯粹地面对自己。无论什么样的时刻,每个人都应该是自己生活的主角。

认识到自我的主体性,会让我们更理解世界和自我的关系。我们还是用儿童的成长历程来举例吧。比如说,你是否想过,母亲腹中的胎儿会思考吗?这真是个有趣的问题。有人说应该会的,否则当婴儿出生的时候,为什么总是用哭声来迎接这个世界?一些宗教在解释这个问题的时候,认为连婴儿都觉得"人世艰难",这是用大声哭泣来表达悲悯情怀呢。

我们来听听科学家的观察和看法吧。现代医学认为,未出生的胎儿的确会听、会看,会有情绪,已经有了思维、记忆的能力。不过婴儿在刚刚出生的时候,其实短时间内还没有很复杂的思考能力,也不至于要大声啼哭来"抵抗"世界。这种出世时的"哭",其实是"叫"。由于胎儿在母亲腹中是通过脐带吸入氧气、排出二氧化碳的,所以在婴儿刚刚出生时,新鲜而寒冷(与子宫内的温度相比)的空气突然冲入原本结实的肺叶,大口大口的呼吸"初来乍到",让婴儿的喉腔、声带一起"运行"起来,就发出类似大哭的声音了。

婴儿面对世界时,首要任务就是让自己的身体器官"激动"起来。重视自我的主体性,关注自己的存在,有利于我们更好地理解人与世界的关系,更好地界定社会舞台上的角色关系。

当我们意识到自己是人生的主角时,能够在心理上进入到一个全新的发展阶段，充满责任感，积极地融入社会。比如说一岁半左右的幼儿，最初学说话时可能会喜欢称呼自己为"宝宝"——这当然是受父母等长辈的影响，他（她）"认识"的自己，其实是别人眼中的自己。可是当他（她）继续长大，到了大约两岁半的时候，就会开始用"我"来称呼自己了。通常情况下，当幼儿开始频繁地用"我"来指代自我时，就意味着他们对"你""他""别人"等角色有了越来越清楚的了解。

在儿童心理发育过程中，这个阶段叫作"三岁叛逆期"，孩子们很容易"暴脾气"，不喜欢分享玩具和食物，特别喜欢说"不"，甚至喜欢打人。这些都是正常现象，而且对于孩子的成长来说，还是可喜的现象。因为他们开始形成自己的想

资料链接

对于大多数人来说，我们的"表演"会持续一生，我们在人生不同阶段扮演着不同的角色。莎士比亚在剧作《皆大欢喜》中写道："全世界是一个舞台，所有的男男女女不过是一些演员。他们都有下场的时候，也都有上场的时候。一个人的一生中扮演着好几个角色。"莎士比亚把人生划为七种角色，从最初的婴儿、孩童，到后来的爱人、战士、审判者，然后成为糟老头，最终遗忘一切，重新回到婴儿状态。

这里的"七种角色"，并不是简单地按照年龄划分的。正如莎士比亚所说，人人都有"下场"和"上场"的时候，人们在不同的阶段开启某一段角色旅程，并不断演进、蜕变、成长。

法和态度,开始拥有自己的个性了。只要这种"颠覆认知"出现得恰当其时,周围的环境也给予鼓励和支持,儿童就会自然发展出社会意识,积极改善和调整自身行为,以获得更多的社会支持。也就是说,当"主角"出现后,这台人生戏剧才能拥有越来越多的角色。

三、创造角色就是个人的社会化

有些角色旅程是自然而然到来的,还有些角色却是未知的。我们为什么会承担某些社会角色?我们会成为什么样的人?这可能既是一种生存选择,也是一种文化适应。

我们每一个人的成长,都是不断学习承担社会角色,逐渐成为一个"社会人"的过程。首先,我们要学习一些基本生活技能。在生命最初的一年,除了吸奶的本能,我们几乎一无所长。父母承担了传授生活知识的责任,逐渐教会孩子行走、说话、吃饭等生活技能。然后,我们要开始学习一些职业技能。在义务教育尚未普及的年代,多数人的社会化教育和职业化训练,是在家庭和社区中完成的。

在现代教育普及之后,学校成了集中式的"社会人"培养机构。这就是为什么我们经常说教育是一种顺其自然的活动,最重要的目标并不是要提高各科考试成绩,而是要通过各种科目的训练机制,把人们的潜能激发出来,让每个人都有机会成为更好的自己。

承担社会角色,为社会提供力所能及的帮助,有助于我们界定自身的文化身份,发现自己的存在价值。如果你承担了多种社会角色,围绕你构建出来的社会关系就会更加丰富,彼此之间的支持和认同就可能更高。当人类基本解决了生存温饱问题之后,这种相互信任和彼此肯定,这种自我价值实现的感觉,常常就是我们安全感、幸福感的来源。

很多人因为强烈的好奇心,喜欢蹲在地上,看忙碌工作的蚂蚁。大雨来临之前的蚁群搬家,或是工蚁们有秩序、高效率地搬运食物,这些场景都让人忍不住驻足观察,浮想联翩。我们很难不好奇,蚂蚁们是如何形成这样严密的分工和协作的?难道它们也像人类一样,有一种潜在的“社会机器”?

美国著名文学家亨利·梭罗的散文《蚂蚁大战》,详细记录了一场发生在两个蚂蚁王国之间的战斗。红蚂蚁们与黑蚂蚁们相互残杀,你死我活,奋不顾身,让梭罗这个“战争见证人”都“热血沸腾”。梭罗目睹的这场“大战”,发生于美国总统波尔克任内,当时正是美国种族运动风起云涌的时代。他意味深长地写道:“你越深究下去,越觉得它们与人类并无两样。”

蚂蚁扮演的角色,是天生的,还是有着一定未知性?生物学家发现,蚂蚁的分工与年龄有关。通常情况下,年轻的工蚁在巢内从事饲育、清洁等工作,年长的工蚁则在巢外觅食、防卫、筑巢等。蜜蚁也不是天生就承担了储存蜜液、反哺同伴的责任,而是

资料链接

　　在高清影像设备拍摄的自然纪录片里，我们有幸可以看到地下蚁国的情状。那种复杂严密、高效有序的蚁群组织体系，令人叹为观止。蚂蚁王国的分工不仅仅是传统上被人类所熟知的蚁后、兵蚁、工蚁之分。实际上，与人类社会一样，蚂蚁有农牧场，它们会分工合作，收集种子，种植蘑菇，外出打猎。蚂蚁有建筑设施，还有墓地，有的蚂蚁就专职清扫同伴的尸体。

　　有一种蚂蚁干脆分化成为专职的"蜜蚁"。它们大大的肚子中储存着花蜜，以便在食物匮乏期，让其他蚂蚁可以从它的身体吸取蜜液。蜜蚁完全牺牲自己的健康，尽可能吞下更多的花蜜，把肚皮撑得薄而透明。因为肚子实在太大了，大部分时间，它们一动不动地悬吊在蚂蚁城堡的"墙壁"上。对于蜜蚁来说，它们"蚁生"的意义就在于救蚁群于饥荒吧！

　　此外，在管理严密的蚂蚁群中，也总会有一些"游手好闲"的家伙，它们经常东游西逛，看似无所事事。可当大雨即将来临的时候，这些"懒"蚂蚁的作用就体现出来了。它们其实是蚁群中的"侦察兵"，负责了解周边状况，"勘测"地形，为蚁群种族渡过难关立下功劳。

　　活着的时候，蚂蚁扮演着不同的角色，死去的时候，蚂蚁也有"分工"。我们都知道，蚂蚁有专门的兵蚁保护蚁国的安全。然而，生物学家们很惊讶地发现，还有一种极具"侠客精神"的白蚁，它们在老去之后会自杀式爆炸，以抵御外敌，保卫蚁国。

发展性的。当人们将蜜蚁移开时，蚁群中个头比较大的工蚁就会自动转变成蜜蚁。一些最新的研究还发现，蚂蚁也并非我们所想象的那样勤快，在蚁后"管理"松散之时，工蚁们也会偷懒。

难怪有一门学科叫作"昆虫社会学"，关于蚂蚁的观察和联想，多有趣啊！与蚂蚁相比，人类社会更复杂多元，人类能够承担和挑战的角色，也更有创造性。从某种程度来说，我们对人类自身的理解，并不比我们对蚂蚁种群的理解更深入；我们对人类社会的思考，也不一定比我们对蚂蚁王国的思考更接近本质。了解自己，挑战自己，探索自己的未知性，是不是也很有趣呢？

四、如何到达"观众"

社会是舞台，每个人都扮演着自己的角色。那么，我们的观众是谁？我们和观众之间的距离远吗？我们之间，是"看"与"被看"的关系吗？

第一种思路是：当局者"参演"，旁观者是观众。

我们知道，戏剧舞台通常由三面墙围起来，就像开了一个口子的纸箱。观众坐在舞台的对面，观看舞台上的表演。演员和观众之间，虽然空空荡荡，距离并不远，但就好像建起了看不见的"第四堵墙"。对于观众来说，舞台上的事情，就好像发生在另一个时空、另一个世界一样。演员沉浸在舞台世界里，他们潜心于角色塑造和体现，不必理会观众的反应。越真实的场景设置，越投入地扮演角色,越容易让观众产生身临其境的感觉。如果观众完全忘记了自己是在看戏,而以为是在观看一件正在发生的事情,那就达到了表演的最佳效果。

19 世纪以来,在欧洲的现实主义戏剧热潮中,易卜生、契诃夫、萧伯纳等剧作家的创作,都遵循这样的模式。1928 年,苏联戏剧家斯坦尼斯拉夫斯基写过一本书,叫作《演员自我修养》,强调演员要深度体验角色的内心。斯坦尼的观点影响深远,人们由此把这种表演形式称为"斯坦尼式表演"。

在这样的表演过程中,演员想要带动观众的情绪,抵达观众的内心,靠的是真实再现生活。同样,在社会舞台上,"演员"们不是在"表演"角色,而是要"成为"角色,尽可能地融入角色所处的环境,按照角色需要来思考、行动和交往。

第二种思路是:除了自己,其他人都是观众。

斯坦尼流派主张建起"第四堵墙",令演员全身心投入舞台,尽可能不受观众影响。这基本上是预设了两个前提:第一,舞台是固定的框架,演员就在框架里,观众也不会轻易走上台来;第二,舞台上的所有演员都是相互配合的伙伴,遵守剧本,全情投入。

然而,社会舞台上的情况常常并非如此。社会角色和观众有可能是流动的,同一个人有时会是你的角色伙伴,有时又会成为你的观众。连舞台都不是固定的框架,而是流转变换的,表演常常可以突破假定的框架和时空。举个例子,当我们在教室里上课的时候,从老师的视角出发,讲台下面的学生是"戏中人",还是观众呢?

如果我们把学生座位和讲台看作是一种相对关系,那么讲台就是一个"舞台箱子",老师的语言和活动就是一种角色扮演,黑板、多媒体、投影仪就是道具,而学生们就是观众。然而,这并非事实的全部。如果我们把整个教室看作舞台呢? 老师和学生们在共同创作的"课堂戏剧"里,是很好的合作、互动关系。如果缺乏互动配合,没有学生们的好奇、关注和提问,老师讲课就成了"独角戏"。因此,课堂里的学生,既是"助演",又是"观众"。

当我们的视野打开,你可能会发现,社会舞台是非常开放的。在人们的交往中,其实并没有绝对的"旁观者",而只有尚未发生联系和互动的社会角色。

戏剧家也发现了这个规律,所以 20 世纪以来,"布莱希特式表演"越来越受欢迎。德国戏剧家布莱希特认为,演员应该与角色保持距离,不是要"成为"角色,而是要在精神上"驾驭"角色。当演员的表演高于角色的思想,用更为独立的精神与观众交流的时候,观众就不会因为痴迷戏剧而盲从。观众和角色不再是一种"看"与"被看"的关系,而是一种共同创造更深远的精神内涵的合作关系,是一种更具理性思考的沟通。

第三种思路,可能会更有趣:最重要的观众,就是我们自己。

人们并非生来就对"自己"有足够的认识,而总是先认识世

资料链接

　　新月派诗人卞之琳写过一首小诗，名为《断章》："你站在桥上看风景，看风景的人在楼上看你。明月装饰了你的窗子，你装饰了别人的梦。"短短几句白描，却勾勒了深远意境。

　　想象一下，如果这首诗用电影镜头来表现，会是怎样的呢？首先出现一个站在桥上的人的特写镜头，他（她）伫立远望，不知望着何处的风景，思念着什么人；然后这个特写逐渐拉远，这个"角色"渐渐成为江南风景中的一个小黑点，可能是烟雨蒙蒙的时节，随着音乐响起，镜头划过小桥、流水、人家……然后镜头终于落定在一小楼的窗口，此处另有一个看风景的人，看着这一切。窗口的这个人并不知道，他（她）在看着桥上的他（她）时，也正在被我们（通过摄像机）看着，被诗人用诗写着，也在装饰着我们的电影和诗，装饰着我们的梦。

　　《断章》描绘了一个丰富、多维的想象空间，写出了人与人之间妙不可言的关联。每一个人，都不是孤立的个体，而是与世界、与他人紧紧相连的一个点。

界、了解他人，然后才逐步认识自己。自我意识形成的过程，需要知识，需要实践，更需要与人们交往。

　　在社会舞台上，我们其实也在观察自己的"表演"。有时，我们通过观察别人的言行，对照反思自己的状况；有时，我们通过分析别人对自己的评价，不断认识自我的不同侧面；有时，我们通过观察自己的言行，不断了解自己的体力、智能、情感、意志和品德等特性；有时，我们通过参与实践行动，发现理想和现实的差距，积极地自我激励和自我监督。这些"自我观照"的过程，让我们越来越有能力理解社会，越来越完善自我意识。

可见，如果我们重视"自己"这个"观众"，就能常常通过自我观察、自我省问、自我分析等方式，直抵自己的内心。

当一个人开始有自我意识，就拥有了一份来自世界和自己的礼物。有了自我意识，人们才能够对自己的思想和行为进行自我调节、自我控制，才能够自觉、自律地去积极行动。一个人只有知道自己的伤感和痛苦，才有可能体验他人的忧苦；一个人只有清楚自己为什么会有安全感、成就感、幸福感，才更愿意付出和奉献自己的力量，为他人带来这些美好的感受；一个人只有意识到自己的个性特质，知道自己是与众不同的存在，才会逐渐形成内心的独立，形成自己的道德、信念和自尊。因此，在中国传统文化中，素有"修身、齐家、治国、平天下"的道德理想。儒家认为，君子应以修身为文明之本，观照自身的言行举止，才可能形成可以兼济天下的个人修养。

第二节　人际交往的距离与空间

💡 你知道吗？

　　歌手齐豫曾有一首短小的民谣作品，名叫《答案》。歌词写道："天上的星星／为何／像人群一般的拥挤呢／地上的人们／为何／又像星星一样的疏远。"这首歌只有两句话，也是两个说不清、道不明的问题，一唱三叹，让人难以忘怀。浩瀚星空中，看似肩膀挨着肩膀、说着悄悄话的星星们，相距不知多么遥远；而茫茫人海中，看似一步之遥的人与人之间，到底又有多亲密呢？

一、你离偶像并不远：六度分隔理论

　　如何拉近人与人之间的距离，让人们的内心不再孤独，这是艺术家、社会学家和心理学家共同关注的问题。你是否想过，通过哪些努力，我们就可以实现畅通无阻的交流？"让全世界都听到我的声音"，你能做到吗？

　　1967年，美国哈佛大学心理学教授米尔格朗主持了一场"连锁信件"实验。米尔格朗给 300 名志愿者寄出了信件,请他们通过转交熟人和朋友的方式,将信件最终送达另一个城市的一位股票经纪人。心理学家想通过这个实验,求证陌生人之间的"距离"。

这个实验并不是凭空想象出来的。早在 1929 年,匈牙利作家弗里杰什·考林蒂就在小说《链条》中提到,两个陌生人最多通过 5 个人就能建立起联系。他声称自己可以通过不超过 5 个"媒介"(中间人),联络到世界上任何一个人,无论是一位诺贝尔奖得主,还是一名汽车工人。后来,又有不少作家写过类似的故事,把人们对"小世界"的想象往前推进,因此"连锁信件"实验是在尝试验证这个社交规律假说。

实验结果如何呢?这位股票经纪人一共收到了 64 封信。其中,最快到达的只用了 4 天时间。成功到达的信件,平均只经历了 6 个"媒介"(中间人),就实现了送达目标。当然,还有 200 多名志愿者没有顺利完成任务,因为各种原因,在中途某个环节就终止了。米尔格朗继续研究了影响信件送达的诸多因素,在后续实验中,他改变了一些规则和策略,最终把连锁信件成功送达率提升到了 97%。

这就是后来我们常说的"六度分隔理论",也叫"六度空间理论"。"六"并不是一个确定的数字,而是意味着这样一种现象:任何人与陌生人之间,都可以通过一定的方式产生联系。

1967 年,主流的信息沟通方式仍是邮寄信件。进入互联网时代后,人们的主要交流方式已经数字化了,只要在线传输即可达

资料链接

　　"六度分隔理论"是有数学依据的。我们假设人们都会尽力挖掘自己的传递链条,能够找到距离"目标人物"最近的熟人。若每个人平均认识 260 个人,其六度就是 260 的 6 次方,即 308915776000000(约 300 万亿)。消除其中的节点重复,那也是整个地球人口的很多很多倍。

　　还有一种算法,也能说明问题。在一次成功的"六度传播"链条上,一共有 7 个人。目前,全世界人口大约是 65 亿,我们可以对 65 亿开 7 次方根,结果是 25.2257,也就是约 25 个人。每个人至少和社会中的 25 个人有联系,理论上来说就能覆盖整个地球的人。我们认识、交往的同学、邻居、朋友,还有我们的家人、亲戚等等,这些人的数量加起来通常不会少于100 人,远远大于 25 这个基础数值,所以"六度分隔理论"基本上是可信的。

成交流。那么,"六度分隔"的情况有没有发生变化呢? 人与人之间的距离会不会更近了呢?

　　2003 年,美国哥伦比亚大学社会学教授瓦兹再次发起了实验,要求全世界的 6 万多名参与者,通过转寄电子邮件找到目标。瓦兹一共设计了 18 位"目标陌生人",分别来自不同的社会背景,有着截然不同的社交圈,供参与者进行选择。结果发现,人们平均通过 5 到 7 个中间人的转寄，就能够完成目标传送，把电子邮件转给自己确立的目标陌生人。而这个过程，因为互联网的高速、方便、成本低廉等特性，变得比过去简单得多。

　　还有更简单、高效的工具，不断被发明利用着。以 Facebook、微博、LinkedIn 为代表的网络社交工具，重视"转发""评论""点赞"，使人们热衷于分享所见所闻和个人看法。这些工具常常会设置一个"好友推荐"功能，向用户提供几个名单，例如"你认识的朋友都关注了谁？""你也许还想认识谁？""你和好友共同关注了谁？"等等。这些名单刻画了我们与陌生人之间的"中间人"，鼓励我们跨越这些"节点"，到达信息传播的崭新领域。这就是"六度分隔理论"的极佳应用。

六度分隔理论

　　最令人欣慰的"六度分隔理论"应用，出现在公益慈善领域。过去，当一个人面临疾病治疗的经费困难时，需要向政府或慈善机构提交申请,经过层层审核才可能获得资助。这个过程可能会需要很长时间,而且一旦出现信息不对称,弱势者不了解该如何求助、向哪里求助,这个求助过程就断裂、终止了。如果能受到报纸、电视等媒体的关注,公众更容易看到求助信息,这个过程可能会缩短一些。而到了网络时代,通过"轻松筹"等工具发起求助,加上人们在微信"朋友圈"的转发、评论,可能很快就会受到众多关注,从而获得帮助和支持。

二、人与人之间越亲近越好吗

倘若人际障碍被不断打破,我们是否会处在一个无限亲密而美好的世界呢?互联网出现的几十年来,"地球村"的梦想似乎并没有实现,这又是为什么?

在"六度分隔理论"的实验里,我们假设的是人人都愿意努力挖掘自己的传播链,尽力把信息传出去。然而,在现实生活中,许多因素会干扰这个看不见的"实验室"。

例如,信息超载会拦截一部分人对信息传播的热情。对于一些名人来说,他们拥有较为强大、稳固的社交网络。在米尔格朗最初的实验里,就有约 5% 的人成为"连锁信件"能否到达的"关键人物"。在实验环境里,这些"关键人物"积极配合,使信件成功到达。但是在互联网上,这些处于关键节点的人物(通常也是网络名人),常常会处于信息超载的情况。大量的求助信息涌向他们的电子邮箱、评论区，个体的声音淹没在众多信息中。为了减少这种信息压力，人们可能会做一些预防措施，比如"加好友必须通过验证""仅接收好友评论"等，从而维护自己的社交环境。这就好像在社交网络里，为自己建起一道墙壁，做一些必要的社交阻隔。

其实，不仅在网络空间中有必要保持一定的距离，就连我们的现实交往，也存在约定俗成的人际距离。了解人们对身体亲近度的接受习惯，对于我们理解人与人之间的心理距离会很有帮助。

通常情况下，比较亲密的人际距离大约是半条手臂的距离。当我们彼此依偎、促膝谈心时，这样的距离能够使我们感受到对方的体温和气息，让我们变得非常亲近；熟人之间的人际距离在50厘米~120厘米，大约是一条手臂的距离，这是礼貌、有分寸的表现；在社交场合，当我们结识新朋友的时候，通常身体需要保持远于两条手臂的距离，即便上前一步相互握手问候，之后也会退回到应有的距离。

不同的文化背景中，人们对人际距离的习惯也不太一样。大部分说英语的国家，有着崇尚个人自由和个人权利的文化传统，重视个人空间和隐私，习惯保持一定的人际距离，交谈时不喜欢靠得太近。在重视家族文化的国家，比如南欧的意大利，东方的中国、日本和一些阿拉伯国家，人们的人际距离就会相对比较近。在拉美国家，人们很容易亲密起来，谈话的时候几乎可以贴身靠近。

三、一个叫作"自我"的独立空间

人是社会性和个性的共同体。承担角色,为生命赋予社会色彩,固然很重要,然而追寻生命的个性色彩也是同样有价值的。

一方面,所谓"个人",他(她)表现出来的样子,就是他(她)承担的所有社会角色的总和。个体总是要设法适应他人和社会,承担责任,在社会结构中有较为理想的定位。比如一位女性,可能既是母亲、妻子、女儿,也是一位职业者,有自己的工作,业余时间可能还会参与社区文化活动,上网的时候还会参与新闻热点评论,做一名社会参与者。

然而,你是否想过,每个人承担的角色,可能是矛盾的。比如,做女儿和做妻子是一对矛盾,当她与丈夫组建一个新家庭时,很大程度上就会告别父母的家庭。做母亲和做职业女性,也可能是有矛盾的,在时间安排、精力分配上,总需要做一些取舍。做"安分守己"的传统女性,与做积极参与社会事务的现代女性,也是矛盾的。我们需要重新思考社会对于女性身份的某些惯性思维。

因此,抛除所有角色,这位女性首先应当是她自己。从幼年到成年,她的成长经历和体悟会塑造出她自己的个性。这种"自我"感,使得每个人不仅仅是某某角色,更是一个有着独立特质、需求和期待的人,能够以其特有的姿态,做出更好的角色呈现。拥有"自我"时,这位女性就不至于在种种角色发生冲突的时候,显得茫然无措。

事实上，角色冲突是不分性别、年龄、阶层的，它普遍而深刻地存在着。当我们试图理解他人时，就会观察到越来越多的身份困惑。

"自我"，为什么如此不可或缺？失去"自我"，甚或从来没有建构出一个"自我"，人生可能就是不完整的、非常遗憾的。拥有独立空间，是培养独立人格的前提。"自我"是我们一切行为的逻辑出发点。尽管我们会承担各种各样的社会角色，但无论多么投入，都应当把"自我"当作我们的"大本营"，保持自己的个性、追求和价值观。缺乏自我认知和自我尊重的角色，只能依附于社会机器而存在，没有真正的主观动机，思想和灵魂无处安放，在精神上承受着巨大的压力。

我们常常试图打造属于自己的空间。比如拥有自己的房间，一张单人床，一张小书桌。这个空间不需要很大，但是能让我们觉得舒服自在，可以按照自己的主张来生活。有时，我们尝试构建精神空间，比如写日记，在微信"朋友圈"里发布"私密照片"，或者独立思考。尤其是当现实生活无法满足个人独立的需要时，构建精神空间显得尤为重要。

追求物质和精神上的独立，追求个人价值的实现，并不是人生的奢侈品，而是人生的必需品。正如英国作家弗吉尼亚·伍尔芙所说："若以书而论，每本书都会变成你自己的房间，给你一个庇护，让你安静下来。"从每个细微处着手，寻找属于自己的独立空间，让"自我"渐渐成长起来，心灵的疆界才会不断延伸壮阔起来。

在众声喧哗中，我自清醒

资料链接

弗吉尼亚·伍尔芙是英国历史上非常杰出的女性作家，也是 20 世纪女权主义运动的重要倡导者。1928 年，她在剑桥女子学院发表了两次演讲，并将演讲文稿整理成了一部文学批评散文集《一个人的房间》，阐述了自己对女性自我独立、追求人生价值的观点。

伍尔芙认为，所谓"一个人的房间"，首先是要获得经济上的独立。在 20 世纪以前，由于经济上的贫穷和社会地位困窘，社会上绝大多数的女性都不可能从事真正的创作，发展出自己的个性。不公平的物质条件，很大程度上造就了不公平的两性社会地位。只有在经济上独立，走出女性独立生活的第一步，才有机会摆脱父权制社会的风俗习惯和评判标准，在自己的空间里展开独立思考。

其次，除了物质空间之外，还要追求精神空间的独立。伍尔芙说，一贯以来，在以男性思想为主导的文学作品里，女性都是纯洁、温柔、坚韧的"圣人"形象；然而在历史典籍里，女性的踪迹鲜有可闻，沉默得好像根本不存在，偶然几个女性的名字，都成了欲望的负载体，似乎是社会结构的破坏者。文学和历史的分裂，恰恰反映了男权主导的社会中，女性遭遇到的一系列不公平。

想一想特洛伊战争中的海伦，中国历史上的妲己、杨玉环、武则天，很多都被历史写成了红颜祸水。这种写法，你认同吗？

四、在人际交往中理解他人的角色

人们的个性并不是天生就有的,而是在每个人自身生理素质的基础上,在一定的社会环境、人际关系中逐渐形成和发展的。进入现代社会,人们不断追求公平、正义,最根本的目的,就是要让每个人都拥有追求自我的平等权利。在人际交往中理解他人的角色,尊重他人的个性,也就为自己的个性发展创造了较为宽松的氛围。

理解个体的动机、反应和行为,应当将其还原到人们的生活环境中去。如果脱离时空情境,没有考虑到时代、地域带来的文化差异,我们很容易遭遇文化冲突。

中国传统文化是特别重视分享的文化,但在某种程度上,也是一种压抑个性的文化。在《三字经》这样的启蒙读本里,孩子们从小就会被教育:"香九龄,能温席""融四岁,能让梨""首孝弟,次见闻"。长幼有序,先人后己,每个人都要保持谦卑隐忍,保持一种牺牲自我的态度,才有机会获得他人、社会的认可,从而找到自己的位置。这和我们今天提倡的"放飞个性,勇敢表达,展现自我,快乐创造"的观念,差别真的太大了。

在《世说新语》的"孔融让梨"典故中,故事的结尾是"父大喜"。《后汉书·孔融传》则记载道:"由是宗族奇之。"也就是说,孔融让梨,无论是出自本心的友爱谦让,还是出于思忖的位序分辨,其结果都需要父辈、宗室的权威来做出评判。至于孔融,为何在四岁的年龄就能如此压抑自己的天性,放弃个人诉求,以融入成人世界的规则，似乎并没有人关心。

还有"二十四孝"的故事，对人性和生命的蔑视程度更甚。王祥"卧冰求鲤"，吴猛"恣蚊饱血"，尚且只是戕害自己的身体，及至郭巨"为母埋儿"，为了供养母亲，毅然活埋自己的儿子，这样的罪行被列为感天动地的孝行，实在可怖。

女性所受的社会压抑，更是转化成了一种"压抑的自觉"。在整个封建时代，女性是集体沉默的，父权成为她们难以违逆的信仰。女性甚至没有属于自己的名字，留在墓碑、墓志铭上的"某某氏"，不过是父亲和丈夫两个家族的姓氏组合。西方也曾经如此，正如伍尔芙所说，一方面人们用诗歌、墓志铭反复歌颂母亲的慈良，另一方面，在历史和现实中，女性的地位不堪一提。

到了明清两代，朝廷为了维护"君为臣纲"的统治秩序，大肆宣扬"夫为妻纲"的观念。凡是被表彰为烈女、烈妇的女子，其家族可以减免税赋，这种政策大大刺激了人们在"贞烈"上的极端行为。《明史·列女传》记载，因丈夫、未婚夫去世而以死相殉的女性，"著于实录及郡邑志者，不下万余人"。各种不可思议的事情，屡屡被表彰，诸如安徽桐城发大水，一男子伸手救援一名即将溺水的女子，女子获救后居然哭号不止，用菜刀砍下自己获救时被拉过的左臂。各地争相上表烈女事迹，地方官竭尽所能描述女子们的惨烈牺牲，以地方女性的贞节彰显自己为官的忠诚。

事实上，这些压抑个体的做法，并非中国传统独有的现象，而是大多数前现代社会形态中都普遍存在的。与其说这是某个国家的文化传统悖论,不如说是时代发展的问题。

在中世纪的欧洲,教会是绝对权威,不允许人们相信其他自然神力,更不允许人们没有信仰。一些不顺从教会的女性,包括异教徒、女祭司,被描述为恐怖的女巫,并被残忍屠杀。有些女性,因为皮肤上有疮、痣或胎记,就被残忍处死。还有些无辜女性,仅仅因为容貌美丽遭到嫉妒,也被诬告成女巫,遭受杀害。

从 14 世纪到 18 世纪,欧洲"猎巫"盛行,仅有史记载被处死的"女巫"就超过 6 万人。在黑死病、饥荒和其他灾祸的压力下,盲目的人们听信教会之言,把怨气和恐惧都倾倒在这些无辜女性的身上。

马克思说过,"我们越往前追溯历史,个人,从而也是进行生产的个人,就越表现为不独立,从属于一个较大的整体"。前现代社会的主要特征,包括普遍的贫穷、崇尚绝对权威、信息封闭和思想封闭等。正是在闭塞逼仄的社会环境中,人们普遍缺乏生存安全感,人性中阴暗、丑陋、不堪的一面才越发被放大。进入现代社会,物质资源越来越丰富,信息交流越来越通畅,人际交往才越来越重视个人体验和感受。当个人的个性、人格与权利被充分尊重,我们承担的社会角色也就越来越人性化了。

第三节 网络情境中的角色体系

💡 你知道吗？

　　平等，是否意味着我们应当打破所有角色差异，同等对待，一视同仁？

　　比如我们常说"男女平等"，如果理解成不分男女都要做同样的事情、承担同样的角色，甚至不分男女都穿同样款式、颜色的服装，就并不是真正的平等。考虑到男性、女性的生理特点，加上每个人的个性、喜好、追求等因素，能够让他（她）自由选择自己的生活方式，才是社会平等的真正内涵。

一、社会平等与传统角色定型

　　向往和追求社会平等，是人类进入现代社会以来的共同价值观。这里所说的平等，不是指毫不顾及个性特点、生理基础，完全一视同仁，而是把每个人当作平等的社会成员来对待，确保每个人生存和发展的需求都受到社会的同等尊重，能够获得公平的照顾。因此，追求社会平等，表现在社会生活中，就是要转变一些传统的角色观念。从改造人们之间的关系入手,再造一种更适应现代社会规则的角色互动体系。

社会平等,是伴随着现代社会的科技进步、经济飞跃、社会阶层重构而来的。我们很难想象,在物质资源极其匮乏的情况下,面临生存挑战和极端竞争的人们,能够普遍建立起通融和谐的社会关系。

例如"职业平等"就是社会进步的表现之一。中国传统的"劳心者治人,劳力者治于人"观念,已经完全不适用于现代社会的职业结构。仅从收入来看,中国在改革开放的前二十多年中,蓝领与白领的工资差距逐渐拉平。进入 21 世纪以来,蓝领收入大幅增长,建筑工人、机械技师、家政服务员等职业的收入,远远超过普通白领的薪资。各行业的职业尊荣感也有变化,"职业有荣耀,工作无贵贱"的意识逐渐深入人心。在日本,每个行业都有自己的"职人"精神,就连家庭主妇也被视为一种专业工作。人们只要在自己的工作领域追求极致、精益求精,就能获得来自社会的尊重和感佩。

然而,是不是社会财富增长越快,科技越发达,社会平等就越容易顺其自然地到来呢?情况可能是比较复杂的,我们可以从以下几个维度来讨论。

第一,信息开放共享,大大增进了资源平等。在互联网刚刚兴起的时候,学术界有一种担忧,认为由于信息技术发展不均衡,在"会上网"和"不会上网"的人们之间会形成"数字鸿沟",从而导致更大的社会发展不平衡。

为了避免这样的问题，联合国教科文组织连续多年在非洲的一些国家开展公益活动，比如为贫困家庭的母亲们提供可以上网的手机，便于母亲们跟孩子分享新知识。不过，当互联网技术进一步发展、上网成本进一步降低时，这种担心不再普遍。在中国，很多中老年人此前很少能用电脑上网，但在智能手机、Wi-Fi、4G网络普及后，他们迅速成了年长的"新网民"。接入到互联网的人们，有机会接触到多元化的丰富信息，过去由信息不均衡导致的社会不平等，很大程度上得到了改善。

第二，言论空间更广阔，有助于促进人们的身份平等。互联网的信息发布非常方便。一旦人们寻找到合适的发言空间，就能够比较自由地表达自己的看法和诉求。同时，我们也能在网络里了解到各种不同的声音，如果能够做到理性分析、不轻易盲从的话，就更容易形成客观公允的观念和相互理解的态度。

比如在 2000 年左右，BBS 论坛刚刚流行起来时，人们在发帖、评论中的用语，经常会反映出社会观念中不太平等的现象。最常见的身份歧视，包括地域歧视、户籍歧视等，时常出现在一些矛盾比较突出的争论里。"农民"一词，在一些特殊语境里，一度被用作贬义形容词，如"你真农民"，意思是你的外形、见识都很老土。还有以省份区分的"原来你是 ×× 人"，或是以情绪化的语言指称"我们本地人""你们外地人"。这种现象，尽管现在仍然存在，在一些社交媒体仍有可能看到，但是经过十多年的公众空间讨论,人们的观念已经发生了变化,情绪化、歧视性的说法在减少。越来越多的人认识到,地域、户籍等"身份标签"带来的不平等,与社会共同发展、个体自我成长是相悖的。不平等看法越多的人,恰恰是前现代思想越深、观念越落后的人。

第三,技术进步导致工作岗位大量减少,经济不平等可能会持续加大。2016 年以来,AlphaGo 连续战胜了全球围棋界最出色的李世石、聂卫平、柯洁等棋手,为世界所瞩目。不过,AlphaGo 还不是 Google 公司研发的最大"明星",他们投入最大的人工智能项目,是无人驾驶汽车。2015 年,无人驾驶汽车的项目研发就已基本完成,进入路面实测阶段。

如果说司机被机器人取代还需要一段时间的话,那么很多岗位的人员需求数量可能

资料链接

由于社会整体财富的上升,"机器换人"不太可能导致广泛的穷困。闲下来的人们可能会有更多时间娱乐、享受,但人们在薪资收入、社会价值感上的差异,可能会继续拉大。据调查统计,从 1978 年到 2011 年,美国工人的平均工资增长了 6%,而 CEO 的平均收入增长了 727%。这是非常惊人的比例,意味着自从计算机革命以来,普通人的收入几乎没有变化,而富人阶层却变得越来越有钱。在收入层面,西方国家两极分化的不平等趋势在加强,就像一根被拉扯的橡皮筋,是否会有被撕裂的危险,令人关注。

已经减少了。例如电子支付取代了收银员，网络购物取代了推销员，联网的摄像头取代了保安，机械手取代了流水线装配工……还有很多教育周期比较长的职业，也因为人工智能的参与，提升了工作效率，同时减少了用人需求。例如在深圳，已经有了"药房机器人"，主要由储药仓、机械臂、输送带、落药窗口组成。患者扫描处方条码，即可在窗口取到机器人传送来的药。在一个小时内，"药房机器人"可以处理 450 张处方，药师只需核对处方和药品。"机器人记者""机器人外科医生""机器人精算师"……这些领域，都已经有了非常显著的技术进步。

　　或许，最值得思索的，还不是人类的贫富矛盾，而是在未来，"人""机器人"和"人 + 机器"的各种生存形态之间，会发生怎样的新型关系。你能想象吗？

二、在网络空间，可以扮演多重角色吗

　　通过承担相应的社会角色，个体的"自我"更容易融入社会，社会也更容易接纳个体，使个体在适当的环境中得以发展。因此，角色承担就是一座桥梁，能够连接社会与个人，让个人顺利地走向社会。

　　在特定的社会环境里，人们对自身角色、身份的感知，是非常清晰、生动的。比如同样都是买东西，在不同情境下，我们的角色感是不太一样的。现代人最熟悉的购物场所是超市，当我们在

网络空间,亦真亦幻

超市货架前选购商品的时候，主要跟商品标签发生关系，几乎不需要与其他人发生交互行为。超市购物，最重要的环节就是观察商品的卖相，对比价格，做出购物决策。在超市里，我们的角色是"精明的消费者"。

还有很多人喜欢逛菜市场，或是到小镇去赶集。我们在外出旅行的时候，如果时间允许，可以到当地的菜市场去看一看。鲜活缤纷的食材，忙碌热烈的人群，充满了本土文化和生活气息，非常有意思。在集市上，你买到的东西不一定比超市的品质更好、价格更低，但你会有机会与更多的人接触、交流，感受人与人之间的温情。买方与卖方是一种交往关系，就连看上去互不相让的讨价还价，都是善意的亲密合作。在集市里，我们的角色除了是消费者，还是"热忱的生活体验者"。

网络环境赋予了我们更

资料链接

根据人们的角色意识强弱程度，心理学家把人们的行为大致分为四种情况：第一种是无意识的直觉行为，也就是无角色意识、近乎本能反应的行为；第二种是无意识的习惯行为，有角色意识但并没有经过深思熟虑的行为；第三种是有意识的确认行为，基于自己的角色地位和社会环境，有目标、有计划地主动行动；第四种是有意识的自主行为，在承担角色的同时，不被角色规范所约束，保持独立自主的思考。

自由的角色交互机制。在淘宝网的购物平台设置中，消费者承担了多重角色：打开主页，尚未确定购物倾向时，我们是"消费学习者"，系统会不断推送我们可能想要的商品，希望我们增进认识、增强购买欲；选定合适的商品，下单购买时，我们是消费者；收到商品后，根据实际情况填写商品评价，此时我们是"消费反馈者"；与淘宝商家在线沟通，与其他消费者分享购物心得时，我们是"社交体验者"，愿意为购物以外的人际交流支付时间成本。通过网络平台的转化，单纯的购物行为变得具体、丰富，我们的身份延展开来，更立体了。

计算机归根结底是一种运算机器。通过提炼事物的特征，把这些特征转化为由"0"和"1"所代表的数据集，计算机就可以尝试描述、还原这个事物。淘宝网就是这样处理商品的。如果你要找一件心仪的商品，只需要在搜索框输入标签词就可以了，比如输入"白色 LED 护眼台灯简洁设计三年保修亮度可调节"这一长串词，你大致可以搜索到自己想要的那款台灯。如果对结果不满意，只需要调整这些标签词，就可以得到更合适的结果。这是因为商家在上传商品链接的时候，就是通过贴标签的方式，把商品的特征展示出来的。

换个角度想，其实我们每个上网的人，在计算机里也被"处理"成了一串标签呢。信息平台通过分析我们上网形成的大数据，便可以知道我们的许多信息，为我们"量身定制"网络身份，推送适合的信息服务。很多相亲网站，就是用这样的方式，为大家推荐相亲对象的。

三、多重角色与独立人格存在矛盾关系吗

人们的思想和行为，与其角色观念有着微妙的联系。想象一下这个画面：如果你正与一个人共同用餐，他把碗里的食物洒在了桌子上，你会做出何种反应？

这个戏剧画面会有许多有趣的延伸，问题也并没有标准答案。下一幕故事该如何继续，取决于我们对画面中"你"和"他"的角色关系、个性特征的设定。比如，如果"他"是个小男孩，"你"是他的父亲或母亲，会如何反应？如果"他"是小男孩，"你"成了祖父或祖母，"剧情"会不同吗？再比如，你们初次见面，彼此还不太熟悉，假设"他"是一个不修边幅的年轻人，或者假设"他"是一位风度翩翩的绅士，"你"对于"他"洒出食物这件事的反应，是一样的吗？

在美国经典情景剧《老友记》里就有一个类似的桥段。瑞秋在生活中是个养尊处优、大大咧咧的漂亮女孩，她和好友莫妮卡住在同一间公寓。莫妮卡是个好强、能干的姑娘，非常自律、爱干净，喜欢把公寓收拾得一尘不染。如果瑞秋和朋友们把饼干屑掉在了沙发上，或者把椅子摆错了位置，一定会被莫妮卡唠叨很长时间。

后来瑞秋需要搬家，和老友乔伊合租公寓。搬家第一晚，当

在《老友记》拍摄的 20 世纪 90 年代,朋友聚会时还不会出现各自玩手机的情况。通信改变了人们的交往方式。

他们一起坐在地板上吃意面时,瑞秋不小心把面条洒在了地上。瑞秋当时非常紧张,慌忙道歉,处理现场,因为按照以往的生活经验,这几乎是一整晚唠叨的开始。没想到乔伊不仅要她"放轻松,没关系",而且为了减轻她的内疚,自己也挑了一口面条丢在地板上。

"为了朋友,不惜一切"的乔伊,就是这么天真、简单、毫无章法。瑞秋先是惊讶,然后瞬间感动了:突然有机会与那个大大咧咧、不爱收拾房间的自己重逢,也是个性的舒展啊!故事还没完,下一幕更让人捧腹大笑:一向热爱食物、绝不浪费美食的乔伊,想了一想觉得不对劲,又把地上的面条捡起来,放进嘴里吃掉了。大概面条实在太好吃了,乔伊的表情相当享受……瑞秋瞠目结舌,观众爆笑不已。

人们之所以喜欢看《老友记》,很多时候并不是因为喜欢其中某一个人的个性,而是乐见于各种个性、各种角色的相互包容。《老友记》的经典之处,在于塑造了六个形象分明、个性突出的角色。其中,每个人的性格都不是完美的,但如果把这些个性特点放在一起,大家依然能够友好相处,携手同行,毫无疑问这就是一部"现代城市生活童话"了。从这个意义上来说,遇见不同的朋友,与他们敞开心扉地真诚相处,就有机会遇见不同的自己。

其实,在现实生活中,这六个角色的特点,完全有可能附着于同一个人身上。在每一个人的内心,都可能有不同的个性特征共存:我们既会有莫妮卡精益求精的一面,也会有瑞秋随性自在的一面;既会有钱德勒体贴幽默的一面,也会有菲比古灵精怪的一面;既会有罗斯认真计较的一面,也会有乔伊宽容友善的一面……这些"角色方向"共同拼凑起了我们的人生。

这就像我们看动画片《喜羊羊与灰太狼》,单看任何一只小羊,都觉得性格有些片面。不过,假如我们可以同时拥有喜羊羊的机警、美羊羊的自信、暖羊羊的友善、懒羊羊的圆融和沸羊羊的勇敢,再加上羊村长的宽容,这几乎就是人们倡导的各种美好品质的总和,就是理想人格的呈现了。受到周围社会关系的影响,我们的某些侧面可能被激发得更显著一些,某些特征会比较突出,但这并不意味着我们的角色会始终定型在某一个侧面。

多重角色与独立人格并不矛盾,这是戏剧带给我们的伟大启发。

💬 讨论问题 ⋯⋯⋯⋯⋯⋯⋯⋯⋯⋯⋯⋯⋯⋯⋯⋯⋯⋯⋯⋯⋯⋯⋯⋯⋯⋯⋯⋯

1.六月的一个周末,妮妮和爸爸、妈妈一起来到大学,参加薇薇表姐的毕业典礼。薇薇表姐穿着学士服,戴着学士帽,手捧鲜花拍摄毕业照,笑容非常灿烂。妮妮很好奇:

(1)穿上学士服的感觉是怎样的?服装有助于人们塑造自己的身份角色吗?为什么?

(2)典礼、仪式等庄重场合,与日常生活的角色体验,有哪些不同?

2.你认同"六度空间理论"的观念吗?在生活中遇到困难的时候,你有没有求助过"万能的朋友圈"?求助效果好吗?

3.你看过《奇葩说》吗?你觉得"奇葩"是一种角色定位,还是辩手的真实人格?

⋯⋯⋯⋯⋯⋯⋯⋯⋯⋯⋯⋯⋯⋯⋯⋯⋯⋯⋯⋯⋯⋯⋯⋯⋯⋯⋯⋯⋯⋯⋯⋯⋯⋯

第三章 社交媒体：角色互动与冲突

主题导航

　　社交媒体，也叫社会化媒体，是指在网络中开展社会交往的平台。从日常应用来看，社交媒体主要是通过发布主题内容、转发分享和评论互动展开"交往"的。

　　在不同的网站、App 中，可以被发布的主题内容，形态千变万化。例如我们通过 QQ、微信可以发送图片、文字、小视频，也能分享各种超链接。这些经过精心设计和编排的主题内容，如果制作得有趣好玩，或是精美优雅，就成为我们的新媒体作品，很可能会受到网友的关注和分享。无论是用"秀堂""蜂巢·ME"发布电子杂志，用"映客""小咖秀"拍摄发布短视频，还是用"荔枝 FM""喜马拉雅 FM"发布广播节目，都有机会在这些网络空间里结交到有相似兴趣的朋友，与大家互动分享。

　　与网络游戏相比，社交媒体更接近于现实生活。我们在现实生活中的朋友们，常常也会是 QQ、微信中的亲密朋友。同时，我们也会因为彼此的网络连接，共同构建一种网络情谊。哪怕大家各自在家，并没有相聚，也可以通过网络相处，比如在微信里比赛"每日步数"，在"小咖秀"里合作配音。因此，社交媒体作为关联现实好友和网络情境的理想工具，在短短几年时间里，很快改变了现代人的社交模式。

第一节 社交媒体上的特殊社会角色

💡 你知道吗？

> 美国的马克·扎克伯格是社交媒体的创建者。2004 年，他在哈佛大学创建了可以让大学生实名交往的 Facebook。"Facebook"的意思是印有大学里学生、教职员工信息的"花名册"，有了"花名册"，人们就可以很快地熟悉校园，有机会结识更多的朋友。到了 2005 年，Facebook 已经拥有了超过 100 万名用户。2005 年 9 月，Facebook 推出了高中版，并逐渐允许大学生和高中生互为好友。2006 年 9 月，Facebook 宣布向所有互联网用户开放，成为被广泛应用的社会化网络。

社交媒体营造了一种追求平等、追求个性的交互情境。每个人在网络中都占据了一个节点，从理论上来说，每个人都有机会与任何人发生连接。当我们给自己注册一个账号，赋予自己一个网络名字的时候，就好像挣脱了现实中难以舍弃的桎梏，身心都自由起来了。

接下来，我们将讨论三种从网络空间衍生出来的社会角色，分别是"网红""粉丝"和"网络推手"。最初,这些角色只存在于网络中,都是纯粹的虚拟身份。后来,经过线上线下的关联,它们逐渐成了现实社会的常见角色,丰富了我们的社会形态。

一、深度角色化的"网络红人"

"网络红人",也可以简称为"网红",是指那些在网络中成名的人。"网红"吸引了众多网民关注,他们在社交媒体中的一举一动都可能成为喧嚣一时的网络话题。

最早的一批"网红"是作家型的。在早期的 BBS 论坛上,一些精于文字之道的人,尤其是那些能够创作诙谐有趣的文章的写手们,很快就吸引了第一批读者的关注。网络写作有个显著特点,就是写作和发表是同步的,不必经历传统作家的"投稿 — 等待 — 退稿 — 修订 — 再投稿……"的漫长历程,自主性很强。在论坛里,

资料链接

作家型"网红"的佼佼者们,不少都从业余写手角色转为了职业作家身份。中国较早成名的网络作家,如当年明月、安妮宝贝、慕容雪村等,都是从西祠胡同、榕树下、天涯等论坛"闯荡江湖"而成名的。近年来人气颇高的影视剧,如《琅琊榜》《盗墓笔记》《鬼吹灯》等,其原著都是在网络连载的小说,作者也是不折不扣的"网络红人"。

作者可以随时与读者互动，倾听读者的意见和建议，调整自己的写作。在这种频繁互动中，优秀的作品很容易成为论坛热转的内容，优秀的作者也更容易成为"网红"。

随后出现的，还有专家型"网红"。一些领域的专家和知识分子，在网络论坛积极发言、互动，也逐渐成为在网络上很有影响力的"网红"。作为专业人士，他们在各自的领域原本就有良好的资源基础。从论坛开始，延伸到后来的微博、微信公众号、知乎、果壳网等平台，他们利用网络互动的优势，影响力跨越了专业，跨越了区域，有些甚至成了某个专业的代言人。

微博上最有名气的"知识大 V"，可能是《博物》杂志的"博物君"，也被网友戏称为"薄雾君"。"博物君"本名张辰亮，是《博物》杂志的自然科学编辑。他从小就喜欢在家养小昆虫，是个"博物迷"，大学和研究生期间接受的是正规的生物学教育。在负责官方微博运营的时候，他时而"卖萌"，时而"高冷"，嬉笑言谈之间，把专业的动植物知识做成了有趣的科普。截至 2017 年 7 月，拥有 670 万"粉丝"的"博物君"，不仅自己成了"网红"，而且也让杂志的销量不断上涨，从几万册增加到 20 多万册。

2010 年以后，随着网络带宽和上网速度的提升，图片、视频的发布数量越来越多，以外形为主要标识的娱乐型"网红"开始涌现。多数"网红"的形象，都是迎合人们"手机审美"的：眼睛大大的，鼻梁高高的，下巴尖尖的，嘟嘴的时候很可爱，很像动漫作品里的男女主人公来到了真实世界。

娱乐型"网红"的知名度越高,与粉丝联系越紧密,他们的商业价值就越高。有的"网红"开通视频直播,直接收取用户"打赏"的虚拟礼物,这些礼物在直播平台能够直接兑现为真实货币;有的组建团队开设淘宝店,直接把粉丝转变成了潜在消费者;还有的进军娱乐圈,从事演艺、模特、歌唱等工作,接近于娱乐界明星。

不过,"颜值"并非成为"网红"的必要因素。我们知道,一些并不符合"手机审美"的人,也会在网络上出名。人们除了审美的需要,其实也有审丑、猎奇、嘲讽、围观等心理需要。那么,"网红"作为一种社会角色,是否存在一些共性?什么样的特质,才是在网络中成名的主要原因呢?

我们未必知道所有的答案,但有两个共性是显而易见的:第一,"网红"都是有主张、敢表达的,出位的观点会让他们显得更真实,获得网友的追捧;第二,"网红"都是有技能、有表现力的,无论是写手、模特还是设计师,无论他们起步时多么"草根",能够获得网友持续关注,靠的还是不断成长的才能。这种对个性的肯定,对自我成长的认可,就是"网红"这种社会角色的最大价值。而靠庸俗表演甚至不道德的出位行为炒作自己的人,算不上"网红",只是自我角色的贬斥而已。

二、"粉丝"也是一种角色

"粉丝"是英文 Fans 的音译,意思是狂热爱好某个人或某种事物的人。Fans 也可以翻译成"迷",即因喜爱而沉醉、醉心的"痴迷者"。

诸如"歌迷""影迷""球迷""车迷"等不含褒贬之义的角色,都是工业化时代之后的产物。在此之前,绝大多数的人需要终身为生计奔波劳碌,没有金钱和时间去"沉醉"。就算是富贵之人,通常也会被教育,要求其保持理性,不能不务正业。传统观念认为,玩物丧志是很可怕的,痴迷于个人喜好,会导致人们无法实现人生真正的价值。

科技革命节省了社会整体劳动时间,人们开始拥有越来越多的闲暇,可以消耗在自己喜欢的事情上。同时,商业社会、大众媒体准确把握人们的心理需求,共同创造了许多让人痴迷的商品,促生了各种偶像人物,使得人们拥有了多元化的"可痴迷目标"。

到了网络时代,人们追求语言的诙谐趣味,逐渐用拟人化的"粉丝"取代"迷"的说法,亲和力更强了。不仅说法变了,含义也变了。在网络空间里,"粉丝"是指"网红"们的关注者,而未必都是追随者、拥护者和支持者。有些"粉丝"不一定很喜欢某位"网红",但也可能抱着围观的看客心态,甚至是批评心态,关注着"网红"的社交痕迹。当几位"网红"因为意见分歧而公开"互掐"时,一位"粉丝"可能会同时关注所有涉事"网红",旁观不同言论。

这和原来一味仰视、崇拜偶像的"迷"们,其实有了很大的差别。社交媒体的人际交流是较为开放、平等的,"网红"可以发

资料链接

"玩物丧志""玩物明志"和"玩物养志"

　　春秋时期的卫懿公是卫国的第十四代君主。卫懿公特别喜欢鹤，整天与鹤为伴，如痴如醉，丧失了进取之志，常常不理朝政、不问民情。他还让鹤乘高级豪华的车子，比国家大臣所乘的还要高级，为了养鹤，每年耗费大量资产，引起大臣不满，百姓也怨声载道。后来，北狄部落侵入国境，卫懿公亲自带兵出征，由于军心不齐，结果战败而死。

　　人们把卫懿公的行为称作"玩物丧志"。痴迷于个人爱好，被认为是卫懿公战败的根本原因。你赞同吗？想一想，还有没有其他原因呢？

　　明末清初的作家张岱是"玩物明志"的典型。他出身于显赫家族，经历了国破家亡，对政治相对无感，不事科举，不求仕进，著述终老，过着半隐居生活，一辈子的时间都拿来玩了。张岱曾自撰墓志铭，坦言自己是个纨绔子弟，极爱繁华，好精舍、鲜衣、美食、骏马，痴迷一切与政治无关的"玩物"。张岱认为，"人无癖不可与交，以其无深情也；人无疵不可与交，以其无真气也"。可见，他是通过执迷玩物这种行为，表达一种根深蒂固的信念，一种为人处世的原则。

　　中国当代文化名家王世襄先生，1914年出生于北京，成长于书香世家。从小到大，他"秋斗蟋蟀，冬怀鸣虫，挈狗捉獾，皆乐之不疲。而养鸽飞放，更是不受节令限制的常年癖好"。

抽烟、酗酒、赌钱的坏习气，则一概不沾。王世襄生前有一句名言："一个人如连玩都玩不好，还可能把工作干好吗？"许多被人看作是玩的东西，在王世襄的眼里都是艰苦的学问。选对了好的"玩物"，保持诚挚、克制的欣赏态度，可以怡情养性，提高人的精神境界和生活乐趣，对"实现大志"是有好处的。

表言论，"粉丝"同样可以发表自己的主张，双方不再是"一方高高在上，一方苦苦追寻"的不对等阶层，而成了相互依存的关系。"粉丝"们的评论、转发，一旦形成足够令人关注的规模，就可以导致"网红"不得不应对的舆论形势。可以说，网络信息交流的开放，破除了一些不分是非的"迷"，为人们的理性成长奠定了良好的基础。

三、是"网络推手"，还是"网络策划"

在众多互联网"粉丝"中，娱乐明星的"粉丝"群体依然显得特立独行，力量强大。通过社交媒体，"粉丝"很容易找到志同道合者。在共同的利益诉求下，一些渴望联合的"粉丝"可能会聚合起来，组建"粉丝群"，有组织地展开追星、造势等活动。

这种沉浸其中的集聚行为，令倾慕明星的"粉丝"们有了展示自己的舞台。在热烈的网络互动中，"粉丝"们亲身参与有组织的追星活动，有机会秀出自己的热情和个性，有机会对明星、对"粉丝"阵营的盟友付出爱。爱慕明星的行为，成为群体成员相互关注和支持的基础。在"粉丝"阵营中，"粉丝"既是关注明星的观众，也是表演爱慕的主角。

有些"粉丝"群体十分专业化、集团化，不仅经常"刷屏支持"偶像，或是到"敌对偶像"的微博上掀起骂战，而且能够组织、完成非常惊人的"粉丝"活动。2015 年，鹿晗参演的《重返 20 岁》上映，"粉丝"组织发起了"为鹿晗包下 100 座城市电影院"的活动；李易峰的"粉丝"群体"蜜蜂"，为了维护偶像的形象，不惜发动舆论"揭黑"，直接促使经纪公司罢免了原来的经纪人和宣传团队；TFBOYS 的王源过生日，"粉丝"群体在美国纽约的时代广场包下 LED 广告屏幕，举行快闪活动，也随之引发了国内社交媒体的一轮热点话题。

这些行动及其效应，与单纯的拥护支持已经远远不同了。在"粉丝"组织中，通常会有初级、中级和高级"粉丝"群体，许多活动直接与"粉丝经济"挂钩。高级"粉丝"群体会设计制作大量与明星有关的周边产品，最常见的例如 T 恤衫、帽子、抱枕，还有团购的演出门票、电视台节目入场券等，普通"粉丝"只有买够一定数量的产品，才能进入"粉丝"俱乐部。2016 年王俊凯的时代广场生日贺礼，两幅巨大的 LED 广告位，就是由当时的合作商家360 网络公司送出的。与其说这是为王俊凯本人庆贺生日，不如说是 360 公司为"95 后"和"00 后"群体送上的一份"粉丝经济"大礼包。

网络"粉丝"可不一定是真有其人。2000 年以来,国内就不断出现一些网络公关公司,专门经营集团化的网络炒作。利用"发帖助手""按键精灵""刷粉器"等软件,他们可以轻易制造出海量子虚乌有的"僵尸粉","关注"需要被炒作的"网红"。这种专门在网络中从事虚假炒作的人,被称为"水军"。

"水军"所服务的对象,通常是电影公司、明星经纪公司和其他商业力量。他们以幕后推手的身份,共同带动明星话题的热度。2012 年贺岁档期间,《一九四二》和《王的盛宴》两部电影同时上映,双方各自雇用"水军",互黑对方。迫于电影票房压力,《王的盛宴》宣传人员公开承认雇用"水军"。最悲哀的是,双方的电影团队雇用的是同一支"水军",两边看似激烈骂战,其实是同一拨人在指挥"僵尸粉"完成任务。最终两部电影的网络评分都跌

资料链接

一个训练有素的"水军"成员,同时开启几台电脑,在三个小时内就可以完成 5000 多条发帖、评论的任务。在微博实行实名制之前,"刷粉"的市场行情很便宜,只需要 200 元就可以涨 1 万个"粉丝"。微博注册实行手机号码捆绑后,为了避免频繁切换登录导致封号,"水军"们会买几千个手机号,专门用于发送验证码,注册或解绑微博账号。

入谷底,只有"水军"赚得盆满钵满。

很多网站、平台与"水军"是共生关系,没有"水军"热情至极的参与,网络交流可能不会有这么活跃的气氛。网络里的"水军",几乎无处不在,俨然成了一种常态。不过,我们仍然要质疑,到底这种发布虚假、泛滥信息的角色,是"策划",是"推手",还是欺诈者呢?

第二节 "朋友圈"与"朋友"

你知道吗?

根据中国互联网络信息中心的《中国青少年上网行为调查报告》的数据,2010 年青少年平均每天上网时长为 140.57 分钟,2014 年平均每天上网时长为 228.86 分钟。而中国青少年研究中心、苏州大学新媒介与青年文化研究中心"青少年网络流行文化研究"课题组 2015 年的调查显示,在 2015 年 1 月至 6 月,青少年平均每天上网时长为 240.78 分钟。仅仅四五年的时间,青少年平均每天上网时长翻了将近一番,且依然保持上升趋势。在平均每天 4 小时的上网时长中，有 177 分钟，即超七成的时间用于社交网络。其中，每天使用社交网络少于 1 小时的青少年仅占 5.31％，1—2 小时、2—3 小时、3—5 小时所占的比例分别为 21.74％、28.02％、23.67％，而每天使用时长多于 5 小时的占了 21.26％。

青少年使用的手机 App 类型中，社交 App 的使用频率最高。其中，QQ 占据青少年社交使用平台第一位，达 97.8％，其次是占比 86.8％的微信、占比 69.1％的微博和占比 66.4％的百度贴吧。借助这些社交平台，青少年已经建构起了属于自己的社交生活和社交文化。

一、你有社交媒体账号吗

我想，这个问题，你几乎不屑回答。"当然有了！"而且，可能不止一个，有好几个呢。

不过随之而来，还有一些问题可以想一想：你最早是从什么时候开启自己的网络社交的？你最常用的社交媒体有哪几个？你会把现实生活中的朋友延伸为网络好友吗？你会申请与陌生人成为好友吗？你最喜欢用哪种社交媒体与父母互动？每周你花在社交媒体的时间大概是多少分钟？

如果你已经足够了解自己的社交媒体使用经历了，不妨也了解一下身边其他人的经历。比如你的父母、祖父母们，分别是从什么时候开始用社交媒体的。他们中有没有人还从来没有使用过？如果从未接触使用过，是什么原因呢？你能试试教他们使用社交媒体，找到他们的"好友"吗？

这些小调查，有助于我们更好地认识网络给人们带来的影响。

比如生于 20 世纪 50 年代，已经退休多年的一对夫妻，在 2014 年之前，他们并不会熟练操作电脑，只会在门户网站浏览新闻，虽然注册了 QQ，但很少用，只有几个 QQ 好友。直到他们开始使用智能手机，在微信账号直接捆绑手机号码之后，他们几乎是"一键跨入"了社交媒体时代。几十年没有见面的小学同学、中学同学，退休后难得一见的老同事、老邻居们，都通过微信群重新建立了联系。热烈的微信交流，还带动他们组织线下聚会，更多地互动交往了。

还有许多日常生活习惯，在几年之间发生了很大变化。比如大约在 2010 年之前，怀孕的准妈妈们都流行穿一种"防辐射背心"。当时人们对电子产品还有一些疑虑心理，认为电子辐射有可能对腹中的宝宝有危害，所以纷纷购买"防辐射背心"，以避开电脑、复印机的影响。为了减少手机信号的辐射，很多准妈妈会尽量少使用手机打电话。不过自从 Wi-Fi 普及之后，人们对智能手机的使用太频繁、太普遍，几乎达到不可或缺的程度。不知不觉间，人们对电子产品的"戒心"也消除了。

对于 2000 年以后出生的一代人来说，网络就是生存的基础设施，网络社交就是生活的一部分。有机构曾主持一项全国性的调研，试图了解儿童与媒介的关系，发现在小学生的微信群、QQ群里，最多的话题是"作业不会写，求解救"的咨询交流，也有关于明星、科普、笑话的交流，"微社交"的频率不比大人低。

不过，对于未成年人来说，虽然可以拥有社交媒体账号，但有些功能的使用还是需要经过监护人的允许和认可。微博、微信、淘宝和许多游戏账号都有支付端口，通过账号可以购买商品，既能买到实实在在的东西，也能买到虚拟礼物、虚拟玩具，或是直接打赏"网红"等。如果未成年人擅自使用这些功能，未经监管，可能会带来很多麻烦。

资料链接

2017年6月1日，《中华人民共和国网络安全法》正式施行。该法第二十四条要求，网络运营者"为用户提供信息发布、即时通讯等服务，在与用户签订协议或者确认提供服务时，应当要求用户提供真实的身份信息。用户不提供真实身份信息的，网络运营者不得为其提供相关服务"。

实名制的推进将减少用户权益受损和侵权现象，对未成年人起到一定的保护作用，从根本上来看是为了促进网络公开、透明、理性，保障用户特别是未成年人的合法权益。2017年7月以后，百度、知乎等平台以及不少手机游戏平台都陆续实行了账号的实名制。

拥有社交账号,其实就是拥有了一张网络社交通行证。在一定的年龄,我们应当选择适合的社交范围、社交方式,及时听取监护人的建议。毕竟我们都要为自己负责,做好自己的社交规划师。

二、"朋友圈"的好处和烦恼

微信"朋友圈"是一个信息发布平台,可以发图片、文字,也可以发送各种链接,分享新鲜的内容。它最大的好处,就是可以一对多地与朋友们交流。互为好友的朋友,不仅可以看到你的"朋友圈",还可以在评论区看到其他朋友的评论。来来往往的信息分享,让大家眼界开阔,增加了许多灵感。

"朋友圈"的烦恼也很多。比如,你加的好友越多,"朋友圈"的更新速度就越快,如果想把所有的信息都看一遍,要花很多很多时间。还有,因为急于了解朋友们的回应,追求点赞和评论数量,在发布一条"朋友圈"后,你可能会有些焦虑,总想在线了解有没有人回应。发"朋友圈"的时候,如果不小心说错了话,也会让人懊恼半天。

当大部分人都拥有微信账号,开通了"朋友圈"功能的时候,我们不妨想一想,"朋友圈"到底是什么?习惯发布"朋友圈"的人,会经常在这里记录自己的状态和心情。通过大数据统计,我们可以知道,人们通常更喜欢在"朋友圈"里发布正能量的内容,展现出自己积极、乐观的一面。即使是发布一些孤单落寞的文字

资料链接

　　根据《2016年微信用户数据报告》，每天登录微信的用户接近8亿，其中50%的微信用户，每天使用微信的时长超过90分钟。

　　用户每天使用最多的微信三大功能是"朋友圈"、收发消息和阅读公众号，其中"朋友圈"使用频率排名第一。在抽样选取的40443位微信用户中，58%的用户每天都会打开"朋友圈"；61.4%的用户，几乎每次使用微信都会同步刷"朋友圈"；22.5%的用户经常看"朋友圈"；14.7%的用户偶尔看"朋友圈"；从来不看"朋友圈"的微信用户，占比仅为1.3%。在使用"朋友圈"的时候，除了浏览，人们最经常做的是"给别人点赞"，发表评论的频率要略高于自己发布信息的频率。

和图片，常常也并不是为了表达郁闷，而是希望能够引发话题，与朋友们互动交流起来，排遣孤独。

　　无论是碧空万里，还是大雨倾盆，无论是一个人运动、听音乐，还是与朋友一起共享晚餐、与同事一起加班……每一条"朋友圈"都是精彩生活的记录，也是我们生活态度的表达。选择发布什么样的"朋友圈"，就好像选择今天要穿一件什么样的衣服，展示什么样的心情。但是，我们最好清醒地认识到，"朋友圈"的积极、精彩并非我们生活的全部，如果把"朋友圈"里的角色当成

你有多少表情包？就看你的情商如何啦！

全部的自己，反倒可能对生活原本的样子失望起来。

"朋友圈"就好像我们的名片，需要真诚热情。我们结识新朋友的时候，会互相加微信好友，建立网络上的联系。如果打开朋友的微信，翻看"朋友圈"记录，就能在很短时间内了解他（她）的个性和爱好。我们都知道，在与朋友相处的过程中，互相尊重个性和寻求双方的共性，都是很重要的。因此，"朋友圈"不一定是完全真实的自我呈现，但一定是你希望别人认识的那个自己，更接近于"理想的自我"。

"朋友圈"像我们的社交广场，需要友好互动。但有的人不是把"朋友圈"当作朋友交往的公共空间，而是把它当成公开的日记本，因此就会出现这样一些状况：不考虑图文数量，随性而发，经常刷屏；只喜欢发布自己的信息，很少与朋友们互动，甚至很少看别人的"朋友圈"；不考虑"朋友圈"是公共空间，情绪泛滥，毫不遮掩地吐苦水、发脾气，有时会在不经意间伤害别人的感受。有人说，"我的'朋友圈'是我自己的空间，我爱怎么样就怎么样"。其实这种想法并不合理，只要不设置为私密日记，"朋友圈"就是一个公共空间，需要我们遵守基本的社交礼仪。

三、"拉黑"和"被拉黑"，是什么样的体验

跟现实交往相比，网络社交的戏剧性更强，戏剧冲突显得更激烈一些。"结交"成了实现群体效应的捷径，只需"关注"和"被

关注",人们就可以在网络空间寻找到志趣相投的同道中人,形成"群雄毕至"之合力。"互撕"剧情从不休止,论坛、贴吧、微博少有风平浪静的时候,当人们观点相左的时候,很容易掀起针锋相对的论战,甚至人身攻击。"惩罚"也来得更频繁,如果言论失当,被网友投诉,网络管理员有权对违规者做出禁言、删文、销号等惩罚措施。尽管社交媒体不像网络游戏的虚拟情境那么"有戏",但还是充满了夸张的戏剧气氛。

这些冲突,都是由程序设置的。在最初开发社交媒体网络功能的时候,人们就充分设计了角色的"进场""表演"和"退场"机制,使得虚拟世界的角色表演处在一个可控制的"舞台"上。虽然虚拟空间和现实空间颇有关联,但毕竟不是同一回事。在虚拟空间被销号的角色,只要没有违反现实社会的法律法规,没有受到现实世界的法律制裁,通常并不会直接失去网络生存的永久权利。大多数情况下,只要注册一个新的账号,角色命运就可以被重新开始书写。

"绝交"也是社交网络的一种功能设置。绝大多数的社交媒体,不仅设置了"加好友",也设置了"删除好友""拉入黑名单"等功能。在彻底"拉黑"之前,社交媒体还有许多"缓冲地带"。比如微信可以"不看他(她)的朋友圈"或者"不让他(她)看我的朋友圈",以减少来自某位"好友"的"朋友圈"信息干扰。微博可以设置"哪些人可以评论我的微博""我可以收到哪些人的私信""我可以收到哪些人的@提醒"等。这些功能通常被设在"隐私"模块里,试图帮助人们更好地应对信息保密、信息过剩、情绪负载等"网络社交症候"。

"拉黑"是个程序，它的功能就是隔绝自己不想收到的信息，隔绝自己不想交往的人。启用"拉黑"程序，其实就是在戏剧性、仪式性地表达："我讨厌你。我想远离你。"

这是种什么样的体验呢？如果你"拉黑"的是一些自己足够厌恶的人，可能会感到逃离信息压力的自由，觉得"很爽"。如果这些人只与你有网络交集、现实生活中毫无关联的话，这种"隔绝"常常是奏效的。不过如果你所"拉黑"的人，并不那么令人厌恶，只是因为你们之间有矛盾、分歧或是误会，那一时冲动的负气"拉黑"，可能就算不上"解脱"了。后悔、遗憾、负疚……这些情绪在所难免。尤其当我们在网络上"断交"，在现实生活中还有交往的时候，场面就会很尴尬了。

不妨想一想，"拉黑"是不是必要的？无辜被"拉黑"者们，

信息过载的"朋友圈"

资料链接

历史上著名的"断交"

◎割席分坐

《世说新语》记载：管宁、华歆共园中锄菜，见地有片金，管挥锄与瓦石不异，华捉而掷去之。又尝同席读书，有乘轩冕过门者，宁读如故，歆废书出看。宁割席分坐，曰："子非吾友也！"

◎《与山巨源绝交书》

这是魏晋时期"竹林七贤"之一的嵇康写给朋友山涛（字巨源）的一封信，也是一篇名传千古的著名散文。这封信是嵇康听到山涛在由选曹郎调任大将军从事中郎时，想荐举他代其原职的消息后写的。他在信中拒绝了山涛的荐引，指出人的秉性各有所好，申明他自己赋性疏懒，不堪礼法约束，不可加以勉强。他强调放任自然，既是对世俗礼法的蔑视，也是他崇尚老、庄无为思想的一种反映。

◎周作人给周树人的绝交信

这封绝交信因何而起，周氏兄弟为何决裂，成了悬而未决的一个谜。我们能看到的，只有这些欲说还休的文字了。"鲁迅先生：我昨天才知道，——但过去的事不必再说了。我不是基督徒，却幸而尚能担受得起，也不想责谁，——大家都是可怜的人间。我以前的蔷薇的梦原来都是虚幻，现在所见的或者才是真的人生。我想订正我的思想，重新入新的生活。以后请不要再到后边院子里来，没有别的话。愿你安心，自重。七月十八日，作人。"（1923年）

有没有可能"很受伤"？2015 年，澳大利亚有一位企业主管就因为"拉黑"下属，成了被告。Facebook 上的"拉黑"设置叫作"unfriend"，就是"不再与某人作为好友"。这位企业主管在 Facebook 上 unfriend 了一位下属，后来被澳大利亚的公平工作委员会（Fair Work Commission）裁定为"缺乏成熟情绪"的骚扰行为。"拉黑"对方，再加上辱骂、故意忽视等其他一系列行为，这位主管向同事们传达了强烈的信号，被认为让受害者加重了焦虑、抑郁和失眠的问题。

"拉黑"是权利，是自由，也是值得被预前评估的行为。我的建议是，"拉黑"是个程序，主动权在我们每个人自己手上。"拉黑"之前，不妨少些冲动，多点宽容和谨慎，可以适当利用"缓冲地带"减少网络关联。至于深思熟虑后的"拉黑"，既然你已经决定了要彻底告别某些不愉快的人和事，那就大胆阔步向前吧。

四、"朋友圈"也要有"朋友之道"

从词义来看，微信"朋友圈"中的"朋友"，和我们平时说的"朋友"概念有一些差异。通常而言，朋友是指一种双方认可的良好交往关系，是在亲属之外的一种较为亲密的情感关系。所谓"同师为朋，同志为友"，生活中朋友们总是乐于分享交流，精神上则是相互尊重、彼此支持的。而"朋友圈"的"朋友"，则是指所有通过微信取得联系的人，包括亲人、朋友和其他熟人，范围是很宽的。因此，严格来说，"朋友圈"应该叫"熟人圈"。

尽管如此,"朋友圈"也应当遵从"朋友之道"。一个友善的交往环境,有助于我们形成良好的网络互动习惯。无论是朋友、家人,还是熟人,如果能在社交媒体中友好相处,这种氛围也会为我们的日常生活带来积极的影响。

最重要的朋友交往法则,就是坦诚、宽容,相互尊重。我们在交朋友的时候,总喜欢寻找双方的共性,为我们拥有相似的经验、态度而快乐。这固然重要,但每个人都有自己的独特属性,由于文化、道德、信仰、性格、人生经历和生活态度的不同,人们往往会形成属于自己的丰富经验。即使是在某一方面志趣相投的朋友,也不一定会在所有的事情上保持一致。坦诚、宽容,相互尊重,表现在"朋友圈"的话题讨论中,就是我们常说的"求同存异"。

朋友之间还要亲疏有别,选择合适的相处方式。自古以来,人们就对朋友的分类有很多讲究。在精神和道义上相互支持的朋友,叫作"君子之交";共同经历过磨难的朋友,叫作"患难之交";无话不谈、推心置腹的朋友,叫作"肺腑之交";交集不多、彼此客气的朋友,叫作"点头之交";为特定目的结盟联合的朋友,叫"盟友";坦诚相见、直言相劝的朋友,叫"诤友";还有故友、至交、闺蜜、发小、挚友、损友……这些不同类型的朋友,可能都在我们的"朋友圈"中。如果我们用相同的方式,"标准化"相处,很可能会乱了分寸。这就是为什么微信会专门设计"朋友分组"功能。在我们发布"朋友圈"的时候,如果有需要,可以设置向部分朋友开放、对部分朋友屏蔽。

　　还有一条重要的友人相处法则，就是为朋友留有自由的空间。朋友之间，就算再亲密，也应当为彼此保留适当的距离。当你的朋友不仅拥有了你的友情，还拥有丰富的生活，以及来自更多朋友的关爱，你会感觉幸福呢，还是会吃醋和嫉妒？我想，如果你能真切体会朋友的快乐，你也会同时获得真正的快乐。任何人都没有权利独占朋友的感情，甚至封闭朋友的其他交往渠道。这一点相处之道，不仅适用于朋友，也适用于家人。

　　当我们上网聊天、发"朋友圈"的时候，不经意间已经参与了社会生活，让自己有了许多成长的机会。网上可以结交各种各样的朋友，不过只有不迷失自我，才会有真朋友。

第三节　社交媒体上的社会角色关系

💡 你知道吗？

　　医生和病人的角色关系，在社交媒体上会发生怎样的变化呢？

　　在现实情境里，医生作为一种职业角色，应该是非常专业、严肃的,重视科学和理性,能够临危不乱地处理病患的问题。特别是当医院挤满了人,病人和家属排队等候问诊的时候,医生处在非常忙碌的工作状态中,更是有可能看上去惜字如金、不苟言笑。病人与医生在问诊交谈的时候,需要充分信任医生,认真回答医生的所有询问,同时把医生的每一句话都听清楚,以免遗漏重要信息。可以说,医患双方的角色关系常常处在一种非常紧张的状态。

网络时代,社交媒体上出现了不少"医生大V"。他们热情开朗,喜欢"自黑",对自己的工作和病人都抱持着独特的幽默感。在微博和微信公众号里,"医生大V"经常向人们普及健康知识,回答病人和家属的问题,有时还会讲讲急诊室、病房的温情故事,讲讲自己的身边事,或是谈谈自己对生命、疾病、健康和情感的看法。微博拉近了医生和病人的距离,让医生的形象变得可亲可爱,不再是不苟言笑的样子,对于改善医患关系有积极意义。2016 年以来,社交媒体推出了一些付费提问、收费回答的 App,其中最受人们欢迎、被付费提问最多的,就是网络上知名的"医生大V"们。

人们在交往过程中,总是以角色的身份出现。正是在角色与角色的互动中,人与人之间才形成了社会关系。离开角色扮演的情境,或是角色错位、扮演得脱离了实际,都会使得人与人之间的关系产生一些矛盾或困惑。当我们从现实社会"舞台"迁移到

"网络舞台"，媒介改变了，交往情境发生了变化，一些传统观念也
需要随之变化，去适应崭新形态的角色关系。

一、重塑家庭情境

从 1983 年开始，中央电视台在每年除夕举办的春节联欢晚
会，就是中国最知名的电视节目。除夕看"春晚"，跟吃团圆饭、守
岁、放烟花一样，已经成了大多数中国人的春节新民俗。"春晚"
是团圆的象征。家家户户的男女老少都会守着"春晚"，在倒数
的新年钟声中迎接新的一年。就连雷打不动、年年都演出的金曲
《难忘今宵》，也成了几代人挥之不去的集体记忆。

单从收视率来看，央视"春晚"还保持着比较高的水平，基本
都在 30% 以上。不过如果从人们收看央视"春晚"的状态来看，
就会清晰地感觉到：社交媒体正在改变每个家庭的生活习惯，重
塑着人们的交流情境。

最明显的变化是，人们不再"认真"看电视了。"春晚"成了
背景，而社交媒体则是每个人自由进出的"领地"。在大家一起
看电视的时候，可能每个人也同时在刷屏：爷爷奶奶可能是通过
微信发红包、抢红包；年轻的父母们刷微博，参与最新鲜的"春
晚"热评，吐槽哪个节目不好看；孩子们对电视的兴趣不太大，不
过如果是直接看网络电视的话，在线弹幕评论会让他们乐不可
支 …… 只有在"关键时刻"，当主持人号召大家"摇一摇"或"扫

一扫"时，全家人才"统一行动"，一起抢起"春晚"红包来。这个"画风"很有趣吧？

社交媒体打破了传统的人际交流情境。家人之间的相处方式，也会随着交流情境的变化而有所不同。我们大多数家庭，多多少少还保留着对晚辈的礼数教育，包括用餐规矩、拜访规矩、交谈规矩等，讲究长幼有序，重视换位思考。有些家庭，在这些方面还很严格。不过在网络中，这种规矩就显得没有那么鲜明了。网络文化中一贯以来的开放、平等、多元特性，轻松愉快、互嘲娱乐的网络语言风格，渐渐消融着家庭中原有的等级观念。随便翻一翻大家的微信聊天记录就知道，长辈的权威话语权和中心地位，在网络里几乎无法塑造和体现。

晚辈的交流优越性甚至更强一些。技术不断进步，媒介不断更新迭代，年轻人总是冲在最前面"玩转"电脑、手机和各种 App。掌握了技术"先机"的晚辈们，是否会成为未来的"家长"，主导整个家庭的数字化、虚拟化呢？

值得关注的是，我们仍然要按照不同情境，选择适当的家庭交流方式。如果把网络用语直接"迁移"到家庭日常谈话里，难免会有"没大没小""有失家教"之感。过于随意、直接的网络语言，可能会影响人与人之间的情感积累，让家庭关系变淡。

家庭是社会最基本的单位，家庭的结构形态很大程度上是社会结构形态的基础。为了实现良好的家庭沟通，我们可以采用各种合适的媒介。比如说撰写家族史，整理家庭档案，用庄重的形式提升家族荣誉感;当我们需要向家庭成员表达感谢的时候,可以通过写信或卡片的方式,让爱驻留;当家庭成员产生分歧时,可以择机举行"家庭会议",面对面交换意见,争取相互理解;对于不能经常见面的家人来说,微信群视频通话是非常棒的联络沟通手段,让我们海角天涯瞬间相见。可见,网络虽然很发达、便捷,但它并不是唯一合适的媒介。在不同的情境下,让家人都能有轻松舒适的交流氛围,才是最重要的。

二、网络社会中有层级吗

所谓"社会层级",是指人们对社会资源占有的不平衡所造成的社会成员的差异化生存状况。这种差异层级,通常是建立在合乎法律法规的制度基础上的,相对比较稳固。在重大的社会变动中,这些差异可能会重新构建,因此才有了"旧时王谢堂前燕,飞入寻常百姓家"的诗句。

正视社会层级的存在,是否相当于否认人们生来平等的权利呢? 社会层级是否就意味着社会不公呢?

社会层级的形成,有自然成因,亦有人为因素。社会公平与否,取决于社会阶层之间是否有通畅的流动空间。对于每一个热心公益、希望能够推动社会发展的人来说,逃避现实、忽略社会分层问题是不可取的,我们应当正视社会分层,为阶层交融、减少差异做出努力。例如残障人士群体与健全人士群体,由生理的不同带来的社会差异,是客观形成的。残障人士在求学、就业、社会服务等方面,都有许多难处。如果忽略这种客观差异,无所作为,就可能会错失了许多推进残障人士参与社会的机会。

网络资源的占有状况,正在瓦解传统的社会结构,并逐渐带来一些新的社会层级。过去以财富、地域、名望等资源构筑的社会层级状况,在网络中得以改善。网络消解了很多差异,例如性别、种族、户口等差异在虚拟世界中变得不再显著,人们可以跨越这些不同,更多地以世界观、价值观、爱好和信仰等因素联通起来。在现实社会结构中拥有良好社会地位的人,在网络世界未必会收获同样的名望和尊重。网络是"去中心化"的,每个人都可以通过网络与其他用户交换信息,因此传统社会中的"绝对权威",在网络社会几乎失去了存在基础。

拥有更多网络资源的人,例如网络技术人员、网络投资者、网络名人、网络信息专业者等,正在逐渐成为网络时代的新兴阶层。"网通"和"网盲"是两个有显著差异的群体,这种社会层级状况令人关注。

在具体的网络空间里,层级观念和举措也是非常普遍的。你是否想过,每一种网络应用环境,其实都是分层的?比如在BBS论坛里,有站长、版主、注册会员和访客等身份。每个层级的角色,都拥有这个层级相应的权利和义务。版主常被谐称为"斑竹",副版主被称为"板斧",这个"斧"不仅谐音,而且会意,意思是负有管理版面的职责,对不符合"版规"的帖子拥有删帖权力。

注册会员可以发帖、评论，表达观点，而"访客"的权限就很低了，只能浏览版面上的开放性信息。

在各种 App 中，开发商和用户也是两个截然不同的层次。开发 App 并拥有知识产权、经营权利的人，就像一栋大楼的包租人，可以把一部分 App 里的"居住权"让渡给用户。用户使用 App，就像租客，能够享受 App 带来的便利，但必须付出一定的代价。除了付费购买产品，用户其实还把自己的注意力、个人信息数据，作为支付代价让渡给了 App 开发商。

三、如何面对"站队"难题

2015 年 6 月 17 日，许多人的"朋友圈"突然被一篇微信文章刷屏。这篇文章以"咆哮体"的风格写道："接力承诺！我坚持建议国家改变贩卖儿童的法律！我坚持卖孩子的判死刑！买孩子的判无期！偷孩子判死刑！不求点赞，只求扩散！"文章设置了

以打击拐卖儿童为题材的电影《亲爱的》

一个功能,可以记录转发者的人数,由此造成了一种上百万人奔走相告的氛围。只用了两三个小时,这些信息就从微信"朋友圈"出发,席卷整个网络,成了人们纷纷关注的话题。

诱拐、偷盗、贩卖儿童,造成骨肉分离,家庭破碎,是许多中国父母极为恐惧、忧虑的安全大事。尤其是在一些媒体报道中,人们屡屡看到被拐卖的孩子,遭遇了肢体、心灵被残害的厄运,流落街头,被强制乞讨。无论是那些画面,还是背后的残酷故事,都是那么触目惊心。因此,这种用激烈情绪表达态度的文章,很容易被为人父母的人们转发出来"求关注",成为互联网上的热点。类似的热点,还有食品安全、空气污染、医疗纠纷、法律案件等等。人们通过转发、评论来表达态度,常常会引发一阵旋风似的刷屏。

然而,在态度、情绪之外,事实、论断是否值得商榷?贩卖儿童是否就应该"杀无赦"?重罪入刑是否对诱拐、贩卖人口的不法行为有绝对的好处,而无弊端?人们在"朋友圈"里毫无转圜的"杀杀杀"态度,是否能对犯罪分子产生威慑作用?不分犯罪情节,一律重罪,甚至一律死刑,这种威慑力量会带来什么样的后果?在犯罪过程中,有没有可能出现更恶劣的情况:犯罪分子因为害怕犯罪行为暴露后难逃一死,索性不再贩卖人口,而是直接杀人灭口?

在"旋风转发"中,并非没有不同的声音。然而一旦出现了不同的声音,我们经常会看到这样激烈的对抗:"有点良心好不好?这说的是人话吗?""装什么圣母?"甚至有的人会直接愤愤地评论道:"这么袒护拐卖犯?祝你的孩子被拐卖!"不主张"杀无赦"的人群,和转发"一律死刑"的人群,赫然成了两个阵营。"朋友圈"、微信群、微博和论坛,一时之间观点分化,争议频频。情绪激烈的一方通常"人多势众",主张多面思考、冷静理性的一方则比较"弱势",容易被"围攻"。"朋友圈"里意见相左的人甚至会互相"拉黑",断绝交往。为了减少纷争,避免"站队",有些"微博大 V"抱持不参与、不置评的态度,也会被"闻讯而来"的评论者们激愤斥骂:"你为什么不发言? 太自私了!"

 资料链接

　　我们国家的法律机关、法律界专家一贯重视贩卖人口犯罪问题。根据《中华人民共和国刑法》第二百四十条的规定,"拐卖妇女、儿童的,处五年以上十年以下有期徒刑,并处罚金;有拐卖妇女、儿童三人以上,偷盗婴幼儿等八种情形之一的,处十年以上有期徒刑或者无期徒刑,并处罚金或者没收财产;情节特别严重的,处死刑,并处没收财产"。

　　据统计,2010 年至 2014 年,全国各级法院审结拐卖妇女、儿童犯罪案件 7719 件,对 12963 名犯罪分子判处刑罚,其中判处五年以上有期徒刑至死刑的 7336 人,重刑率达 56.59%。2009 年至 2015 年,最高人民法院先后发布依法严惩拐卖儿童犯罪的典型案例十多件,其中多起拐卖儿童的大案、重案中,罪责最为严重的罪犯均已被判处并核准执行死刑。

在现实社会里,我们通常不会轻易对别人出言不逊。即便有观念分歧,在没有必要激愤的时候,人们也更愿意保持礼貌,较有分寸地说出自己的观点。平常生活中,即使有"火爆脾气"、会在公众场合喊出"杀无赦"的人,也不太容易带动如此众多振臂高呼的支持者。人们会重视自己的判断力,不会轻易发表过于出格的言论。

然而在网络社会里,人们放大了自己的"侠士角色"体验感。如果只是动动手指、转发一篇文章,就能表达自己的正义感,那何乐而不为呢? 如果是匿名上网,就像蒙面的蜘蛛侠一样,就更不用担心出格了,可以畅快地想怎么说就怎么说。众人"转发就是力量",至于这些"力量"的方向是否有偏离,事实是否有出入,论断是否太绝对,似乎看起来都不重要了,只需要表达态度就行了。在众多支持者的拥护下,人们很容易对自己的观点深信不疑,把观点当成真理,认为与自己观点不同的人,非友即敌,就是"正义的对立面"。

网络是一个公共舆论空间。只有允许讨论,愿意听取不同意见,才能维护良好的公共空间规则。人们在网络中发表意见,如果持"站队"习惯,不仅说服不了别人,还会破坏公共空间的言论氛围,造成难以交流的隔阂。

四、"网络社交依赖症"

网络社交,对我们来说到底意味着什么呢?

社交媒体很像一个"茧屋",我们每个人就像待在里面的蚕蛹,因为社交媒体几乎无处不在地包围着我们的生活。在"茧屋"里,我们收获爱与关注,与自己的朋友、熟人更加贴近。这种频繁、密集的交流,不断满足着我们对他人内心世界的好奇心,能够给我们一种安全感。

"茧屋"给人们带来自我满足,但一味沉溺于"茧屋",忘记了外部世界的开放和未知之趣,却是很可惜的。如果因为在社交媒体上花费过多的时间,而忽视了与身边人的交流,可以说是得不偿失的。

什么样的情况算得上是"网络社交依赖症"呢? 有些判断标准其实是会随着网络应用的发展而变化的。比如说上网时长,以前如果一个人每天花 1—2 个小时上网,就会被认为有网络依赖倾向;现在的年轻人,很可能手机是 24 小时在线的,除了睡觉,其他时间随时关注着社交媒体的情况。有一个与此相似的有趣例子:你会花多少时间运动? 100 年前的中国人可能无法想象,有一天大多数人每周都会花上 10 多个小时去跑步、游泳或打球。那时的人们普遍处在长时间的工作状态中,身体疲惫不堪,对体育运动和身体保健的关系知之甚少。如果让 100 年前的中国人来评价今天的运动普及,可能他们也会觉得我们很奇怪吧!

上网的时间长,并不意味着一定会出现网络依赖。只要保持自我意志的独立,能够支配、掌控自己的上网过程,就谈不上"依赖症"。反之,如果一"断网"就难受,连常规的工作、学习时间都

资料链接

　　根据历年发布的《中国互联网络发展状况统计报告》可知，人们的平均上网时长呈现持续上升的趋势。2001 年 7 月，网民每周平均上网时长是 8.7 小时；2005 年 7 月，上升到 14 小时；2010 年 7 月，升至 19.8 小时；2015 年 7 月，则增长到 25.6 小时。

　　统计结果表明，大多数人都乐于通过网络展开社交。2014年，有 60.0% 的网民对在互联网上的分享行为持积极态度，其中非常愿意的占 13.0%，比较愿意的占 47.0%。借助网络空间，网民在信息和资源方面互惠分享，不仅降低了交易成本，也创造了新的价值。与"数字移民"（Digital Immigrants）相比，"数字原住民"（Digital Natives）互惠分享的意愿更加强烈。调查显示，相对于其他群体，10—29 岁的年轻人，尤其是 10—19 岁的人群，更乐于在互联网上分享。

被碎片化的"朋友圈"信息干扰了，网络社交成了你根本无法对抗的"时间杀手"，那就需要停下来想一想，自己是不是应该适当改变上网习惯。

　　之所以会产生"网络社交依赖症"，主要原因是个人心理建设的不足。如果一个人足够自信，就不会过于介意社交网络中来自他人的评价和点赞数量。如果一个人足够感恩，关注身边人给予我们的付出，就不会过于把情感、希望寄托在虚拟社交圈里。如果一个人能够坚持自我,就不会轻易被网络社交"劫持",从而难以掌控自己的时间和情绪。我们利用网络开阔眼界,是希望获得更多的自由。如果因为沉溺网络社交而牺牲了自己的精神自由,真的成了无法突破"茧壳"的人,那实在有点可怕。

我想,每个人都有权利做自己的主人。你觉得呢?

💬 讨论问题 ··

1. 梓轩准备在淘宝上购买一份礼物送给朋友。打开某个商品页面后,其中有 5000 多条评论,看得他眼花缭乱。怎样分辨这些评论是真实的用户评价,还是"水军"的不实发帖呢?你能提出一些办法吗?

2. 梓轩和晓晨在微信里聊天、开玩笑,晓晨把梓轩说的一段玩笑话截图发到了"朋友圈"。梓轩觉得有点难为情,他并不想让朋友们看到这些私密玩笑话。可是,他也不好意思提出自己的意见,要求晓晨删除这条状态,担心被朋友说自己太小气。对此,你有什么看法?你建议梓轩怎么做?

3. 为什么在网络匿名情况下,人们更容易显得偏执、粗鲁?

··

第四章

网络空间：情感表达与意见表达

　　正如戏剧营造的虚拟时空一般,网络与现实的时空分离,让人们有了更多的机会体验多重角色,构建个性更丰富的自我。通过网络联通世界,我们有机会拥有"视界自由"和"舞台自由",让自己成为吸收信息、展现意志的载体。对于一个向往自由、追求自我实现的个体来说,网络时代是充满想象力的,是重塑自己、重建梦想的通道。

　　愿意尝试不同的体验,愿意接受不同侧面的自己,是一个人心理上成熟起来的标志。人生的丰富性,恰恰源于此种开放态度。

　　是否突然有种"想要重新认识自己"的冲动呢?

第一节 我的空间我做主

💡 你知道吗？

最早的个人主页都是有专属域名的网站,需要编程开发才能完成,难度比较大。为了学习网站开发,人们需要付出很长时间的努力。随着"网站搭建平台"工具的流行,人们创建个人网站变得轻松简单了。建立一个有普通功能的网站,人们不需要懂计算机专业技术,只要有自己的规划和设计,明确网站想要实现什么样的功能,就能搭建出自己想象中的网络空间,就像拼装积木一样简单。大部分的功能模块和网络服务器都是免费使用的。当然,如果人们希望增加特殊功能、扩充网站的信息存储容量,通常要付费后才能获得理想的服务。

一、你有自己的个人主页吗

个人主页,就是属于个人的网站。在个人主页里,人们可以通过文字、图片、声音、视频等丰富的形式,经过合理、美观的编辑排版,将自己想要表达的内容做一个综合性的展示。

博客是一种简化了的个人主页,通常不需要用户自己去维护。提供博客服务的网络服务商,其实就是类似"免费网络搭建平台"的机构,只不过他们提供的服务比较简单,模板也比较单一。当我们注册自己的博客时,网站会要求我们阅读并同意注册协议,在遵守相关法律法规和网站规则的情况下,我们便可以发挥创意,设计和维护一个属于自己的个人主页。

创建个人主页,就像我们要去参加一个超大型的展览会,整个互联网就是无限大的展厅,而我们要把自己的"展位"做得尽量吸引人。要制作一个有价值的个人主页,我们要在"有用"和"好看"两个方面下功夫。

一方面,我们要努力为用户带来公开、丰富、有用的信息,让个人主页成为人们喜欢的信息来源。网页本身就是公开发表、开放展示的,大部分网页还有社交互动的功能,因此,网页上的内容不是写给自己看的私密日记,其中的信息要有公共性,才能实现信息的流动。当然,这里所说的"用户",并不一定是指所有人,而主要是指你希望对话、交流、服务的对象。很多网页非常有针对性,比如同样是制作汽车主题网页,一位汽车销售员会发布更多的汽车品牌、汽车企业和性价比信息,一位赛车爱好者会发布更多的拉力赛、场地赛、漂移赛和赛车品牌、运动员的信息,而一位汽车工程师则可能会发布汽车零件图、造型设计、生产项目等方面的信息。信息本身会有集聚效应,这些个人主页上的信息,会吸引更多与他们志同道合的人，形成更多相关信息的互动。

另一方面，个人主页的美观度也非常重要。如果你参加过大型展览会，就会很清楚展位设计的重要性。有些展位光彩夺目，吸引人的眼球；有些展位空间设计得别出心裁，令人流连驻足；还有运用了多媒体手段的展位，通过视觉、听觉和触觉等多种体验，让人们能够参与到展览中去。设计个人主页，也需要这样的审美意识，从背景色彩、版面编排、图文关系、线条与字体等各方面来提升主页的美观度。个人主页，就像我们的着装、举止、谈吐和名片，是一种社会交往、社会参与的工具，值得反复打磨。

二、自媒体的社会功能

"自媒体"的概念是很宽泛的。除了我们介绍过的博客、微博、微信"朋友圈"及公众号，还包括各种利用图片、音频、视频进行信息发布、意见表达的媒体。随着互联网产品的不断出现，人们可以使用的自媒体工具也越来越多。

尽管如此，QQ空间仍然是目前国内用户数量最多、活

资料链接

腾讯公司2015年第三季度财报显示，QQ空间月活跃账户数达到6.53亿，其中移动端月活跃账户数达到5.77亿。据QQ空间发布的数据，2015年9月，QQ空间活跃用户中，51%为"90后"用户，其中，32%为"95后"用户。

跃度最高的社交网络,也是青少年最常用的个人主页。QQ 空间有个很重要的特点,就是具有半封闭、半开放的自媒体属性。

一方面,它建立了一种相对封闭的社交环境,其中的社交角色都是彼此的"好友"。这些"好友"可能是现实生活中的亲人、朋友、同学或熟人,也有可能是虚拟空间认识的网友,使得它不是一个完全开放给陌生人的社交环境。因此,QQ 空间里的言论,不会轻易受到莫名的"袭击",人们可以比较"安全"地交流。

另一方面,跟微信"朋友圈"比起来,QQ 空间显得更开放一些。在 QQ 空间,"好友"们发出的所有评论都是公开的。只要一位"好友"被允许浏览你的空间,他(她)就可以看到所有的评论。微信"朋友圈"的隐私设置则非常谨慎小心,只有互为"好友"的人,才能看到对方在"朋友圈"里的评论。没有熟人联络,没有"好友"关系,人们之间就是"隐形"的,彼此看不见。

对于青少年群体来说,这种半封闭、半开放的特性,使得 QQ 空间成了分寸得当的自媒体平台。人们在童年、少年时期的社交需求通常比较单纯,想要表达的情感和意见多数都基于自己的生活体验,不属于公共话题的范畴,因此 QQ 空间相当于一个"网络表达实验室"。在"个人表达"(如日记、私密日志)和"公共表达"(如微博、博客)之间,QQ 空间成了一个缓冲地带。青少年可以在这里尝试发表网络言论,抒发自己的情感,表达自己的意见。

随着人的年龄增长,承担的社会角色越来越多,我们对自媒体的需要会越来越丰富。

在情感上,我们会需要更多角度的社会认同。幼童只需要来自父母、家庭的认同,而一个"社会人"则需要努力争取与他(她)的社会角色相适应的各种认同感,除了家人、老师、同学、朋友,还有同事、领导、合作伙伴等等。为了营造团结、和谐的气氛,通常人们倾向于抒发正面的情感,表现出自己乐观、开朗、自信、幽默的一面,希望在自媒体上塑造自己的良好形象。有时,在心情烦躁或忧郁的时候,人们也可能通过自媒体流露和宣泄这些情感,希望获得支持和鼓励。因此,自媒体就是我们的"情感外套",它表达着我们的内心,也保护着我们的内心。内心的喜怒哀乐可能会影响我们的自媒体表达,正如天气阴晴冷热,会影响我们决定穿什么外套出门。

在意见表达上,我们会更自主,更有责任感。一个人扮演的社会角色越多,承担的社会责任越大,就越有责任捍卫自己的权利,表达意见的需求就越多。比如食品安全虽然是个问题,但年龄尚小的孩子,基本不可能真正关心这个领域。很多人是在为人父母之后,才开始关心食品安全问题,关注自己买到的每一棵青菜、每一瓶牛奶是否安全。如果一位家长成了学校的"家长委员会"成员,他(她)就不只要关心自家的厨房,还要关心起整个学校的食堂来。这些意见,如果还用QQ空间来表达,很难获得更大的社会影响力。而自媒体这个"大喇叭",能让我们走出"网络表达实验室",走上"实战"的"社会舞台",发表自己的看法。

三、创造个性空间，塑造自我角色

人们对 QQ 空间青睐有加，还有几个很重要的原因：

第一，读者稳定。QQ "好友"就是读者，个人主页拥有一批稳定、忠实的"粉丝"。微信出现后，QQ 空间的"说说"还可以直接同步到微信的"朋友圈"，把个人主页的内容更新也转化成了微信的社交痕迹。

第二，功能丰富。QQ 空间本身提供了丰富的功能，免费网络存储空间也比较大，其中的"相册""音乐"功能都很受欢迎；此外，它还可以直接关联 QQ 的各种延伸功能，包括"新闻""游戏""视频""QQ 秀""购物"等板块，极大地丰富了用户体验。

第三，设计元素多元。允许用户做丰富的个性化设计，这是 QQ 空间最重要的特点。不需要经过任何培训或学习，只要不断尝试和变化，人们就可以轻松地设计自己的主页，从模块、布局、配色、背景音乐等整体效果，到空间花藤、个性背景墙、播放器皮肤等细节效果，都有丰富的选择。装扮自己的个性化空间，有点像在玩一个情境化的虚拟游戏，人们可以自由设计"社交舞台"的样子。

QQ 空间正是因为满足了人们对个性空间的艺术化追求，是个鼓励用户 DIY 创造的平台，才对青少年有着如此持久的吸引力。

对于整个互联网时代而言，网络中的个人空间意味着什么呢？

丰富、开放的信息,会为我们营造"记忆的共同体"。想象一下,人们在互联网中留下的种种"足迹",将汇聚成多少的社会记忆啊!这无疑将是人类社会从未有过的景象。过去我们常说的"青史留名",在每个时代都是十分有限的,只有很少数人能够在历史上存留他们的情感和话语。而网络则给了每个人留下自己人生印迹的机会,哪怕这个人已经离世,在一定的科技环境下,他(她)创建的个人主页还会继续留存,继续成为社会记忆的一小块拼图。历史不再只存在于一些史学家"盖棺定论"的评价里,也不只存在于口口相传的故事里,而是更多地存在于互联网空间的个人表达里。

不断追求对美的体验,还会为我们带来新的艺术享受。网络空间的基础是科技,"有用"信息的核心是"以人为本"的理念,而追求"好看"、追求美,则是艺术的宗旨。"科技 + 人文 + 艺术"的组合体,恰恰催生了一种人类有史以来最新的艺术门类:数字媒体艺术。通过越来越发达的科技手段,人们打破了以往的七大艺术门类,实现了各种艺术形态的融合再造。借助科技手段,艺术家得以创造更为新奇炫目的艺术效果;借助艺术手法,新科技的创造者也更好地推广了新技术,令人们普遍认同接受。人们用数位板绘画,用电脑设计建筑,用 3D 打印机输出雕塑,用网络发布文学作品、与读者互动,用音乐编辑系统模拟乐器和自然界的声响……现在的电影,更是建立在数字摄影、数字编辑和数字特效技术的基础之上。

资料链接

　　数字手段出现之前，人们常把建筑、音乐、绘画、雕塑、文学和舞蹈称为"六大艺术"。

　　1911年，意大利诗人和电影先驱者里乔托·卡努杜发表了著名的《第七艺术宣言》，首次宣称电影是"第七艺术"（7th Art），从此，"第七艺术"成为"电影艺术"的同义词。卡努杜认为，电影融汇了建筑、音乐、绘画、雕塑、文学和舞蹈，把所有这些艺术都加以综合，形成运动中的造型艺术。作为第七艺术的电影，是把"静的"艺术和"动的"艺术、时间艺术和空间艺术、造型艺术和节奏艺术全都包括在内的一种综合艺术。

　　不过，也有人认为，"七大艺术"应指建筑、音乐、绘画、雕塑、文学、舞蹈和戏剧，而电影则是"第八艺术"了。这样的话，数字媒体艺术诞生之后，人类就有了"九大艺术"。

　　正如19世纪法国著名的文学家福楼拜所说："越往前走，艺术越要科学化，科学也要艺术化。两者在山麓分手，回头又在顶峰汇集。"当我们通过建设自己的个人主页，追求信息的广度、深度，追求感官体验和美感时，其实就是在参与数字媒体艺术的发展。如果说环境和时代都影响着个人性格的塑造，那么在我们参与社会发展进程的时候，其实也是在以自己的方式创造着新的艺术规则，从而使其积累成为新的人类文化。

第二节 网络空间的话语表达

💡 你知道吗？

互联网档案馆（Internet Archive）是尝试保留所有网站记忆的地方。它位于美国旧金山，是一家非营利性的信息资源数据库，就像一个无所不包的图书馆一样，能够查找到很多早已消失了的网页。全球用户都可以免费使用这个数据库，找到历史中某个网页的模样。

自1996年成立起，互联网档案馆就定期"抓取"全球网站上的信息，并永久保存。对于不同的网站，互联网档案馆采取不同的备份策略：一些大型网站可能每天都会被备份一次，每次可能收录数十个以上的网页，而一些小型网站可能每年收录几次，每次只有几个网页。

一、在网络空间，如何找到你感兴趣的人

在网络空间，我们可以借助一些工具和方法，找到自己感兴趣的人。

搜索引擎是网页类信息检索工具,相信大家并不陌生。在搜索框内输入关键词,就能找到相对匹配的网页。搜索引擎的最大弱点在于,由于网络信息过于浩瀚复杂,搜索到的网页也总是数以万计,人们只能花精力翻看排在最前面的网页,无暇顾及更多信息,因此也不容易找到真正契合自己需求的人。

当我们使用博客、微博时,可以合理运用其中的一些系统功能,找到更多感兴趣的人。微博有"找人"功能,用户能够直接搜索关键词,找到合适的微博用户;微博还能推荐不同领域的人给你,无论是娱乐明星、财经记者、教育界前辈,还是与你生活在同一个城市的有趣博主,都会成为推荐对象。这种推荐是基于大数据和算法,根据以往我们使用网络的经历和痕迹进行推算得出的。

我们还可以通过人与人的网络社交关系,"顺藤摸瓜"找到自己感兴趣的人。比如微博里的"@"功能,让人们能够在发表状态时实现朋友间的互动。同类相吸,某位你关注的博主较为频繁"@"到的另一位博主,有可能也是你感兴趣的人。此外,在微博里,一个用户关注了谁、被谁关注了,都是公开的。如果你很喜欢一个作家,喜欢阅读他(她)的作品,想要了解他(她)的写作能力和阅读经验,那么不妨打开他(她)关注的微博账号,看看这位作家平时在社交网络里喜欢看些什么样的资讯、交什么样的朋友。他(她)所关注的对象,也许恰恰是你想要找的同类型作家,甚至是写作方面的大师,能够给予你更多精神营养。

存储空间的彼此分隔,正在形成搜索引擎难以跨越的障碍。

当我们用微信的时候，其中形成的所有信息，包括聊天数据、"朋友圈"记录、公众号发表的文章，都是游离于搜索引擎之外的。当然，微信本身有内部链接，使用微信自带的搜索功能，我们也可以找到存储于微信空间里的内容信息，但这些内容都无法被搜索引擎顺利找到。自成一体的微信空间，在某种程度上阻隔了网络空间里的知识沉淀。由于社交网络的封闭性，与十年前相比，现在我们在网络上找到"有趣的人"的机会减少了，而不是增加了。

搜索引擎还有个看不见的"敌人"，那就是时间。

每一秒钟，网络空间里都会新增难以计量的数据和内

资料链接

在互联网档案馆，收集和查找历史网页的工具，叫作"时光机器"。这是一种"网络爬虫机器人"，能够自动抓取网页信息。截至2014年，互联网档案馆已经存档的网页数，超过了430亿个。这个数量是非常大的，而且每一秒钟都在继续膨胀。创始人卡利认为，网络是一个巨大的图书馆，其中的内容是全人类的记忆和财富。这些内容不应当属于任何一家互联网公司，通往这些内容的大门也不应该被任何一家搜索引擎公司所控制。

容，与此同时，也有许许多多的信息被删除、覆盖，网页链接常常会失效。在网络空间里，信息好像在玩"漂移"游戏。互联网是瞬息万变的，网络是否有记忆呢？如果网络页面总在更新变化，

我们会不会像"猴子掰玉米"一样,因为太贪心新的玉米,而永远收获不到更多的玉米呢?网站一旦关停了,网站里的内容是不是也会销声匿迹?互联网会因此变成"信息黑洞"吗?

更重要的是,如果网络终将成为一个"黑洞",那么我们在网络中的发声,还有意义吗?

二、转发、点赞、评论、"潜水"和"围观"

网络空间是有时间脉络的。当信息新增或删除,当数据有了变化,当时间流逝,我们所处的网络空间其实也发生了改变。不妨想象一下,数据交换是不是很像网络的呼吸? 一来一往的数据交换,让网络"活"了起来。在这样一个充满动感的"舞台"上,我们每个人的网络活动都留下了痕迹,我们的记忆都在绵延生长。

这有点像海洋里的珊瑚群落,那些正在流行的、人们热衷使用的网络空间,是活着的软珊瑚,形态多样,生命活动频繁。栖生于珊瑚群落之间的各种微生物、植物和动物,相融共生。越是展开这种生态式的想象,我们就越发感觉到,互联网是一种时空交织的"生命体"。塑造一个属于自己的网络空间,其实就是在互联网里塑造我们自己。当时间流逝,人的肉体会衰朽,然而存留在网络空间里的记忆和精神,却可能会留存下来。

人们在社交网络中的种种活动,随着时间的推进,会形成"时间线"(Time Line,也称"时间轴"),而时间线上所有的信息、内容被称为"生命流"（Life Stream）。如果把我们的网络时间线画出来，你会发现，"生命流"是开放、延续的，既有自内而外的信息释放，也有自外而内的信息汇入。自内而外的信息，通常是我们现实生活的投射，例如我们旅行中拍下的照片，或是我们跑步里程的记录截图；自外而内的信息，则是从社交网络中源起，经过我们的关注、转发或其他网络交互，进而影响我们的生活和思想。

我们观察社交网络里的生命流，分析人们的网络社交互动行为，可以看到人们往往同时承担了不同的社交角色，包括信息创作者、谈论者、批评者、收集者、分享者、参加者以及观察者等。

网络中的社交角色

网络社交角色	典型行为	主要心理诉求
创作者	原创发布	展示生活状态，表达个性观点
谈论者	点赞	表达支持，或表示认同，维护社交关系
批评者	发表评论	表达明确意见，或支持，或反对，或深化原创内容
收集者	收藏文章	收集有价值的信息，以备查考利用
分享者	转发文章或评论	分享传播有价值的信息
参加者	"互粉"，参与群组	构建网络社交关系
观察者	"围观"	不明确表达意见，表示"我关注事件进展"
	"潜水"	默默关注，了解他人的生活和思想，待需要时发声

例如一位女性漫画家在微博上发布的信息，可能有 60% 左右是关于自己创作漫画、绘本和摄影的原创内容，其他则是转发

自己感兴趣的关于服装搭配、旅行规划、博物馆和艺术品等内容的文章。此外,她还关注了不少新闻机构、女性法律人士的微博,"潜水"观察一些涉及女性法律援助、弱势群体维权的社会事件,偶尔会用点赞、"围观"或评论的方式表示对该类事件的支持。这里所描述的多样网络社交行为,其蕴含的心理诉求也是多样的。现实生活中的人们,在网络社交中展现出来的角色行为和心理诉求,要远比我们这里的描述复杂得多。

从网络社交的诉求来看,我们大致可以把网络社交行为分为三种类型:第一种是比较积极主动的行为,包括原创发布、发表评论、转发文章、参与群组讨论;第二种是相对比较消极的反馈和行为,包括"潜水"和收藏文章;第三种是介于两者之间的"围观"和"点赞"。这些或隐或显的意见信息,都在社交网络中留下了痕迹,共同构成了我们的"生命流"。

三、意见表达影响角色地位

社交网络的本质就是人际交流,是建立在信息交流基础上的。无论是事实信息的描述,还是观点信息的表达,只有在不断的交流欲望中,才能构筑一种交流互动的共同感。在某个网络平台上,一旦人们的交流欲望被摧毁,这个平台的活跃度就会极速降低,成为不再值得驻留的空间。

哪些因素会影响人们的交流欲望呢?

资料链接

　　19世纪以来,以报刊为代表的大众媒介发展迅猛,人们在信息传播和意见表达领域发现了一种颇为普遍的社会现象:为了避免被孤立,人们倾向于表达那些得到支持和欢迎的观点,而不太愿意表达一些"小众观点"。长此以往,占有强势支持的一方,参与者越来越多,声音会越来越大,而较为弱势的一方就会越来越沉默。这种循环往复的过程,被称为"沉默的螺旋"。在大众媒介的影响下,"沉默的螺旋"可能会形成得更快。

　　了解"沉默的螺旋"这一理论假设,可以帮助我们认识到理性讨论的重要性。尽管有学者认为,互联网的开放性、自由性、平等性、匿名性等特点,使得人们减少了被社会孤立的恐惧,为人们提供了更多可以表达自己不同意见的机会,但事实上,在网络中我们仍然时时可见某种强势意见甚嚣尘上,某些弱势意见被围攻直至沉默的情况。要跳出"沉默的螺旋"怪圈,唯一的办法就是相互尊重,学会聆听不同的声音。

　　◆话题关注度:人们对某类话题越感兴趣,就越倾向于发表意见。

　　◆公共责任感:公共话题的意见参与,需要人们具有关注社会问题的意识,如果认为"这些不关我的事",人们通常不会发表意见。

◆意见倾向性:个人意见与多数意见一致度越高,越倾向于表达意见。

◆表达风险感:越担心因不同的意见而被追责,表达意见的倾向越低。

◆表达功效感:个人意见越受关注,越能实现社会价值,表达倾向就越高。

这些因素不仅在网络意见表达中会发挥作用,在现实生活中也是奏效的。俗话说:"穷人的孩子早当家。"这里的"当家",不只是在经济上形成独立意识、家庭意识,也包括在意见表达上更有主见,更有责任感。在家庭环境里,如果父母与孩子之间始终保持话题的隔离,父母的口头禅就是"大人说话,小孩别插嘴",那么孩子也就对家庭问题比较疏离,感觉"这些不关我的事",不太容易形成在家庭环境中表达意见的习惯。

在一个团队小组里,人们如果总是担心表达不同意见会遭受其他成员的非议,不愿意提出自己的看法,对于整个协作项目来说,不见得是好事。就像要研发一辆汽车,如果设计者都热衷于让汽车速度更快、动力更猛、模样更炫,没有人指出要考虑成本、考虑道路的状况,甚至不考虑充分的安全保障措施,那么很容易造出一辆并不适应现实需求的"概念跑车",导致汽车企业严重亏损。

多样化意见的融合,能够帮助我们形成较为理性的认识,不至于太过偏执,从而更好地构建自身的社会角色,实现正常的社会交往。反之,假如一部分人的意见表达发生了严重障碍,无法通过合理的方式实现意见和情感的释放,难以建立自己在社会中的角色感,那么长期的心理压抑就会难以疏导和排解,可能会产生较为严重的心理冲突,甚至引发与他人的社会冲突。

要培养意见表达的习惯,我们不只要学会表达,更要学会倾听。也就是说,如果我们想要共同创造一个能够畅所欲言的社会环境,那么每个人都有义务学会"好好说话",也有义务学会"听得进去"。

四、怎样分辨非理性表达

理性,是指我们通过符合逻辑的认识来获得结论的过程。有了理性能力,我们就能够从现象中获得概念、形成判断,并以此指导我们的实践,不至于仅凭冲动和感觉处理问题。

理性的意义在于人们对自身存在负责,对自己的社会使命负责。我们没有办法要求婴儿或年龄很小的幼童有理性,当他(她)因本能的饥饿、寒冷、困倦或任何生理需求而大哭时,想必你不会要求他(她):"为了让小区邻居睡个好觉,拜托你别哭了。"理性是在人们逐渐成长、社会化的过程中,在环境、经验、教育和自我要求的条件下逐步形成的。

网络上的非理性表达,比现实中出现的频率更高。这是因为从意见环境来看,网络更开放、包容,人们比较愿意发出自己的声音,同时网络的匿名性也使人们暂时摆脱了社会责任的束缚感,本能的情感宣泄更容易占上风。在这里,我们提供一些基本的分辨方法,帮你了解非理性网络表达有哪些表现。

首先是不合法律和常理,不符逻辑的网络语言暴力。如果我们在网络中看到侮辱、谩骂、诽谤等信息,需要警惕发布信息的人可能正在通过网络进行人身攻击。虽然隔着网络,人们并不是面对面地发生争执,但在极端的语言暴力下,网络中被谩骂的对象也会产生很严重的精神压力,受到伤害。这种情况非常多见,有些人认为网络辱骂无须负法律责任,但事实上,法律不分网上网下,网络语言霸凌者也需要为违法行为负责。

其次是缺乏逻辑判断过程的情感抒发。例如有公众号发布了标题为"我为什么支持实习生休学"的文章,很快就获得了 10 万以上的阅读量。文

资料链接

《中华人民共和国民法通则》第一百零一条规定:公民、法人享有名誉权,公民的人格尊严受法律保护,禁止用侮辱、诽谤等方式损害公民、法人的名誉。依《中华人民共和国民法通则》第一百二十条和第一百三十四条的规定,受侵害人可以责令侵权人停止侵害、恢复名誉、消除影响、赔礼道歉、赔偿损失。

我国《刑法》规定了侮辱罪,如果在网上公然侮辱他人,情节严重的,就可能构成侮辱罪而承担刑事责任,处三年以下有期徒刑、拘役、管制或者剥夺政治权利。

章迎合了不少大学生面对未来的迷茫心态,但是如果你仔细阅读文章,就会发现其中的事实和观念缺乏基本的逻辑。作者习惯于讲故事,"我有一个朋友……""我有一个实习生……",在一个故事之后就顺势得出"不要依赖于单一的大学教育,要采用更丰富的方式来学习。为了学习,你休学吧"的结论。然而,同样是这位作者,在另一篇公众号文章中,提到自己的孩子申请一所高级私立小学被拒绝,却是另外的态度:"这是孩子的事,我不能拿他的前途来任性。我的每一个决定,都会影响他的人生。"很多时候,网络写手的任务就是"斩获"高阅读量,追求高额经济回报,为此他们不惜借助某些方法调动群体情感,刺激读者的敏感神经。所以面对网络中类似的文章,善于独立思考的人应当有自己的清醒判断。

第三,不关注事实,基于想象、猜想得出荒谬的论断。很多"阴谋论"之所以会产生,就是因为这样的非理性妄断。当网络意见冲突比较鲜明、尖锐的时候,非理性表达者可能会跳开原本争议的事实,直接靠臆测来质疑对方发表意见的资格,试图通过舆论压力来剥夺对方发表意见的权利。我们在关于物业公司的争论里经常看到类似的例子,有些热衷于发表意见的人,习惯于抱怨物业公司对小区环境管理不善、收费居高不下、服务态度差,若有人在评论中表示"我感觉物业还不错,挺公道的",就可能被抱怨者"群起而攻之",理由是:"你是业主吗? 我看你是物业派来的卧底吧?"这种"攻势"一旦形成,"沉默的螺旋"效应便会更加显著。

第三节 "负能量"和"正能量"

💡 你知道吗？

"正能量"这个词，是 2012 年开始在我们国家流行起来的。它出自心理励志类畅销书《正能量》，作者是英国心理学教授理查德·怀斯曼。作者主张，普通人应当培养乐观情绪，对抗负面情绪，提升自身吸引力和意志力，经常鼓励自己，从而集聚内心的"正能量"，获得更好的心理状态。

一、网络空间的"正负能量战"

在《正能量》这本书中有一个小节，作者提到了"角色扮演"对于提升"正能量"的作用，讲了一个非常有意思的例子。哈佛大学的莱昂·曼教授曾经做过一个心理学实验，邀请两组重度烟瘾者参与行为实验。其中一组参与者需要扮演肺癌患者，在医生办公室，与身着白大褂的医生（也是由演员扮演的）讨论自己的"病情"，观看情况糟糕的 X 光片（道具），制定自己的戒烟计划。另外一组参与者也被"加载"了肺癌患者的角色，但他们不必参与表演,只需要学习肺癌和抽烟的关系等知识,无须刻意改变自己的行为。

实验结果验证了最初的假设:角色扮演确实会对人们的实际行动产生显著影响。最初两组参与者平均每天抽烟 25 支,实验结束后,角色扮演组成员的每日抽烟量平均减少了 10 支,而未参加角色扮演的小组成员,每日抽烟量平均减少了 5 支。而且这个效果是长期的,在两年后的跟踪调查中依然成立。参与了表演的人,更倾向于把意念贯穿在行动中,用改变日常行动来获取更多"正能量"。

激励自己形成积极的生活态度,这当然是值得提倡的。不过,在网络公共空间里,忽视、漠视客观存在的问题,一味灌输"正能量"的行为也遭受了一些网络用户的反讽。2014 年,网络上兴起了一股"反心灵鸡汤"旋风,人们开始用调侃的方式发表一些看似"负能量",却能直面问题的意见。《人民日报》也发表了主题文章,希望人们警惕泛滥的"正能量"成功学书籍,远离"精神毒药",以免形成模糊化、浅薄化的思维习惯。

完全否定"负能量"的价值,不承认负面情绪的存在意义,抵抗人们对负面情绪的表达欲望,其实并不符合心理学理论。

我们知道,情绪是人类在进化过程中自然而然形成的一种反应机制。喜、乐是情绪,哀、怒、怨、忧、惧也是颇为重要的情绪,能够为我们提供生理预警和心理保护机制。一个始终处在极度乐观自信、无所畏惧、毫无焦虑状态的人,可能会形成对正常社会的认知差异,也很难真正适应社会中的各种挑战。生物进化史说明,具有显著情绪变化的物种,存活概率远远高于那些对风险无动于衷的物种。因此,当"正能量"泛滥网络、心灵鸡汤遍布"朋友圈"的时候,一些鼓励年轻人正视现实、直面问题的"负能量"文章也频频出现。因为语言幽默,富有自嘲精神,不少"负能量"话语还成为风靡一时的网络流行语。

资料链接

　　"正能量"概念流行后,一度颇有蔓延泛滥之势。仅仅在中国出版领域,2012年以"正能量"为关键词的图书有35种,2013年就激增至262种,增长了6倍多。到2014年3月,书名或主题中包含"正能量"一词的图书超过1200种,其中大部分是跟风出版、粗制滥造的励志图书。

　　"正能量"也好,"负能量"也罢,都是我们认知和适应社会的方法。多一种方法,就多一个思考的方向,多一种生活态度,何乐而不为呢?

二、社交媒体与主流大众媒体的共振

　　大众媒体是指通过某种传播工具向公众传递信息的组织,包括报社、杂志社、出版社、电视台、广播台和网站等。在诸多媒体竞争并存的背景下,那些面向主流受众,传播范围比较广,影响力比较大，社会声誉比较好的媒体，被称为"主流大众媒体"。这些媒体被称为"社会守望者"，除了信息交流功能外，还担负着监测社会环境、协调社会关系、传承文化、教育公众等责任。

大众媒体的发展，是伴随着传播技术的进步而推进的。比如说新闻事件的网络直播，多年前就是人们非常期待的信息传递形态，但由于网络速度和硬件设备等技术条件的限制，很长时间里都没有办法实现。"今日头条"作为目前中国最流行的新闻客户端之一，也是一种新型大众媒体。它其实是一个基于数据挖掘的推荐引擎服务，能够根据大数据运算了解每一个用户的喜好、需求，并为用户推送相应的新闻，是大数据技术进步的成果之一。我们可以展望，当传播技术继续发展，大众媒体的形态也会进一步衍化创新，例如专门制作虚拟现实（Virtual Reality，简称VR）新闻的机构，专门利用网络游戏来传播主流文化的机构，等等。

有人说，如果人人都有"麦克风"，人人可以做自媒体，在社交网络孜孜不倦地发帖跟帖，大众媒体还有存在的必要吗？不妨想一想，当资讯、信息极为充分，甚至多得像垃圾一样难以处理的时候，什么是最珍贵的？最有价值的东西不是信息，而是高质量的信息收集、挖掘、整合、提供等服务。印刷机普及时，报社提供这样的服务；电视普及时，电视台提供严肃、精炼的新闻和大众娱乐节目；网络普及时，门户网站和新闻客户端承担了这样的社会功能。资讯越是发达，越需要拥有强大技术支撑的媒体机构，为我们提供精准可靠的信息，而不是让人们在信息迷阵里毫无方向感。

大众媒体的传播者是占有技术资源、人才资源、资讯来源和资金的媒体机构。与社交媒体相比,大众媒体更容易出现点石成金的传播高峰,继而引爆互联网上的传播。以电视为例,近年来引发社交媒体传播热潮的几档节目,有《爸爸去哪儿》(湖南卫视)、《中国好声音》(浙江卫视)、《奔跑吧兄弟》(浙江卫视)、《中国诗词大会》(中央电视台)、《朗读者》(中央电视台)等。每逢节目档期,电视台节目首播之后,社交媒体上都会出现节目片段性

资料链接

　　我们自 2013 年开始使用的 4G 通信网络,能够以 100Mbps 以上的速度下载,是 2010 年家用宽带 ADSL(4Mbps)的 25 倍,是 1995 年调制解调器拨号上网(14.4Kbps)的 7111 倍。移动通信基础设施不断升级,网络速度大大提升,再加上我们的手机硬件标准也不断提升,这才有了 2015 年网络直播领域的"井喷式发展"。

视频的二次传播、三次传播,形成主流大众媒体与社交媒体的"共振式"传播形态。

　　这种"共振"发挥了彼此的优势,能够形成意想不到的效果。2017 年年初,在中央电视台的《中国诗词大会》节目中,来自上海复旦大学附属中学的武亦姝摘得桂冠。16 岁的她,身材高挑,容颜秀丽,颇有古雅气质,在电视屏幕上展示了出色的才情。很快她的故事就在"朋友圈"、微博"刷屏"了,包括她的家庭、学校和

其他个人爱好，都成了人们关注的话题。还有普通农妇白茹云、14岁少年叶飞、数学学霸姜闻页等选手，一时也成为社交媒体里热门的"诗词偶像"。传播"共振"的过程中，人们关于古典诗词的讨论，很快转化成了对中国教育的种种思考，人们纷纷检视自己所处的教育环境，反思文化素养教育与学校教育的相互关系。反过来，这些颇有热度的网络反响，也为下一季《中国诗词大会》打下了更好的收视、广告基础。

三、独立思考，释放个性的能量

网络中丰富的信息资源，林林总总的情感、观念和思想都熔于一炉，这本是建立在人类所有精神文化成就之上的伟大资料库，是使人形成独立见解的最佳空间。然而，从网络中的情感表达、意见表达状况来看，人们似乎并没有获得更豁达、开阔的境界，有些时候甚至走到了反面。

为了吸引众人的目光，一些表达变得偏激，越发极端，甚至不惜低俗。我们都非常熟悉网络新闻的"标题党"，比如"××小区喷泉喷出'血水'，居民直喊恐怖"，内文其实是说由于工程改造，黄泥水倒灌进了喷泉口，以至于水的颜色有变。为了赢得点击量，一些缺乏媒体职业操守的公众号还常常发布惊悚、暧昧、搬弄是非的文章，有些甚至包含虚假信息。这种网络风气长期蔓延，在自媒体中也形成了颇为极端的偏激作风。2017年，"快手"App的一些自媒体视频引发了各界关注,不少人靠录制怪诞荒唐的视频成了"快手名人",其中不乏"一口气吃十碗拉面""喝滚油""摔猫"等自残、自虐、互虐行为,还有"'00后'未婚妈妈""15岁小夫妻的婚礼"等视频,不仅偏离了正常的价值观,而且有些已涉嫌违法。

一些虚荣的表达,在社交网络中愈加被夸大。在炫目的浮夸风气中,有些人逐渐分不清现实空间和虚拟空间的距离,无法面对现实生活中的磨难、挑战和平庸,产生了强烈的心理负担,这对日常的现实生活产生了非常负面的影响。看惯了美颜P图的网络美女、帅哥,逐渐对生活中遇到的素颜普通人没有好感,丢失了对质朴美的欣赏能力。听惯了幽默的网络段子,对日常的工作、学习和人际交往提不起兴趣,丢失了对真情实感的接触能力。最常见的情况是,翻看"朋友圈",里面永远不缺各种旅行风景图、精致美食图和完美家庭的生活故事,时常被动接受别人积极完美的自我形象("朋友圈"),并错误地以这种过高的比较标准来评估真实的自己。虚荣的网络表达,令很多人的生活变得沮丧,而当你真的想找个朋友聊聊天的时候,会发现交流变得更难了—— 因为你并不想把不完美的自己,暴露给看上去生活完满的朋友们。

一些狭隘的见识,由于社群圈子的封闭性,成了更为偏执的各持己见。在互联网刚刚兴盛的十多年间,人们通过BBS论坛、新闻评论跟帖、微博等方式,一度形成了良好的公共讨论氛围。尽管人们不见得认同所有人的意见,但在开放式平台上可以看到各方表达,这对于开阔视野、增广见识、校正自己的认知误差是有益的。互联网进入社交媒体时代以来，人们越来越关注自己身边的人，尤其是与自己意见趋同的身边人，更多地与"群里人"聊天，减少了对"局外世界"的好奇心。这种越来越封闭的状态，容易造成某种偏执意见的群落化。一个个观念差异极大的群落，表面上看起来彼此"老死不相往来"，然而暗流之下，最终有可能引发情感、观念层面的大面积社会撕裂。

以上提到的几种情况，都是网络空间中正在发生的现象。为了减少这些危害，主流大众媒体做出了不少努力，在社会风气引导、社会问题疏导等方面屡有举措。作为生存于网络环境中的个体，我们需要看清网络社会的一些认知陷阱，提升独立思考的能力，避免形成偏激、虚荣、封闭的思维习惯，尽可能对社会、对世界、对他人形成更贴近现实的判断。

🗨 讨论问题 ••

1. 子卓很少参与网络评论，哪怕是班上同学的 QQ 讨论，他也很少发声。他并不是不关注这些问题，只是担心自己说错话，被人质疑。你能鼓励他多发表意见吗？

2. 你能分辨网络中的非理性表达吗？举个例子来说明什么是非理性的表达。

3. 你会因为偏激的标题点击进去看内容吗？为什么？

第五章

角色承担：虚拟、现实与未来

主题导航

① 角色定位与领悟

② 怎样学习角色扮演

③ 如何评价自己和他人

　　虚拟现实技术的研究和开发,在几十年的时间里不断有新的突破和进展。要实现线上世界和线下世界的交融,有两个问题是最需要考虑的:一是要以现实世界为基础,构建一个具有吸引力的仿真模拟环境;二是要让身处现实的人们,通过传感设备,真切体验到来自虚拟世界的感官刺激。

　　为了能让现实中的人们感受到来自虚拟世界的感官刺激,科学家做了很多研究。最初的虚拟现实技术,对视觉、听觉的开发比较多,对触觉、嗅觉、味觉、力觉、运动等感知功能的开发还不完善。

　　电影《黑客帝国》(1999年)对虚拟现实的未来做了精细的描摹:主人公尼奥"穿梭"于虚拟世界和现实世界,能够为他关联两个世界的"连接器",就是那些贴在全身神经末梢交汇点的传感器。为了拯救人类,尼奥和他的伙伴们经历了惊心动魄的战斗。在最危急的时刻,他的思想与身体意外地分离了,身体留在了现实中,思想却陷入了永恒的虚拟世界……线上和线下交融一体的世界,真是既令人着迷,又让人有些望而生畏。

　　如果你是尼奥,你会接受挑战吗?

第一节 角色定位与领悟

💡 你知道吗?

1999 年,世界卫生组织(World Health Organization,简称 WHO)发布了"人体健康 10 条标准"。该标准把人的健康分为生理健康、心理健康、社会适应健康 3 个层次。这 3 个层次是递进式的,后面层次的健康,建立在前面层次健康的基础上,是更为高级的健康。最高层次的"社会适应健康",就是指一个人在社会生活中的角色适应程度,包括职业角色、家庭角色及学习、娱乐中的角色转换与人际关系等方面的适应。

一、承担现实角色

当我们把社会比作戏剧舞台的时候,当我们将角色化看作个人和社会的连接时,可能有些人会产生一种错觉:角色是脱离现实的,是人们虚构、描述出来的,承担角色和真实生活并不是一回事。

关于虚构能力和现实生活的关系,以色列作家尤瓦尔·赫拉利在《人类简史》中提出了一种有趣的解释。史前考古证据表明，人类的祖先"智人"并不是当时地球上唯一接近人类的物种，也不是智力、体力最发达的人类近亲物种。他认为"智人"恰恰是因为拥有强大的虚构能力，能够通过"讲故事"建立一种"想象的共同体"，才有了共同认知和协作的可能，形成了大规模的全球性连接，最终成为地球上现存的唯一人科动物。

人类的历史进程不是实验室，赫拉利的假说很难用一个个证据来检验，但他提出的设想颇有启发性。所有的现实角色，其实都是通过基因传递、文化传承、社会教育、个体的思考和集体的相互影响共同营造出来的。比如说很多孩子在上幼儿园、小学的时候，因为崇敬、热爱自己的老师，所以也想在长大后成为一名老师。同样是追求正义感的孩子，如果经常看警匪片，可能会想当警察；如果经常看《水浒传》，可能会想当见义勇为的"好汉"；如果经常看《哆啦A梦》，可能会想成为科学家，用科技的力量赋予自己超能力 …… 如果没有我们对虚构世界的想象，现实生活中的"角色"也许根本不会产生。

思考是跨越生存本能的前提。在我们学会反思之前，我们的大部分行为都只是出于本能，而只有当我们开始思考"我是谁""我希望自己成为什么样的人"的时候，我们的行为和心理才逐渐构建起了理性的关联，我们所做出的一系列符合自我认知的行为，才叫作"承担角色"。

这种差异，突出地表现在关于青少年学习自主性的争论中。

"要我学"就是一种本能反应，它的基础是"如果不学习，可能会挨批评""如果不学习，父母可能会揍我""如果不学习，周末就没有大餐吃"等等，生存压力是主要的驱动力。而"我要学"则是一种理性承担行为，建立在"我想成为某种人""为了更好地实现这个目标，我要学习"等逻辑基础上。可见角色既创造了压力，也催生了动力。

对于大部分青少年来说，有四种角色是我们都应该思考、面对和承担的：第一，父母的子女；第二，学校的学生；第三，朋友们的朋友；第四，国家的公民。为人子女，应以感知父母生育、养育之爱为责任，培养自己爱的能力，成为一个可以传递爱的人；身为学生，应以通过学习成长为社会人为责任，提升自己的学习和创造能力，成为一个可以传承文化的人；作为朋友，应以伙伴相助、携手成长为责任，培养自己融入社会共同体的能力，成为一个诚信、友善的人；作为公民，

资料链接

现代社会没有君臣关系，但有老板和职员、上司和下属的关系。有些企业为了让员工"听话"、降低管理成本，将"孝道"作为企业文化的一部分，教育员工恭顺父母和前辈，试图把顺从、服从意识内化成员工的个人意志。这种做法，虽然在整体上实现了企业效率的提升，但却抹杀了员工对个人权益的关注，抵消了员工的个性力量，对于个体创造力的培养和发挥更是没有半点好处。

应以社会关怀和社会参与为责任,培养自己的爱国意识和世界意识,成为一个有公共道德的人。

我们对自身的角色定位,如果能与社会所需要的角色承担相适应,就不致引发不必要的心理冲突。中国传统的儒家学说,曾经尝试将所有的角色关系进行规训,例如"君君、臣臣、父父、子子""君仁臣忠,父慈子孝,兄友弟恭,夫和妇柔,礼师信友"等。这种角色观念是典型的阶层化认识,如果照搬到现代社会,会让人们产生严重的社会关系焦虑感。同样,如果我们把西方文化传统中的个人英雄主义照搬到生活中来,每个人都想做拯救世界的"No. 1",可能在现实社会适应中也会产生比较大的障碍。

二、规划未来角色

规划未来角色,应建立在自我认知和自我规划的前提下。像"氪星"里的"培养器设定"和一些宗教文化中的"命中注定",都否定了个体的多元发展趋向。当然,父母和社会有权利,亦有义务传授孩子已有的角色经验,如果能让孩子在心智尚未成熟时,就有机会体验到某些角色的成就感、挫折感,可能会帮助孩子更顺利地实现角色规划。但是,父母不能永远陪伴孩子,由于自己的认知局限,父母也未必能给予孩子最有价值的经验,最终还是要靠孩子自己来规划自己的人生。

资料链接

　　电影《超人：钢铁之躯》描绘了一个虚拟的社会：氪星。在这里，科技高度发达，资源极度匮乏，人们不需要，也不能私自繁殖，只能通过树状的培养器来繁育新个体。根据《基因法典》，所有人出生前就被设定了未来的角色，有的生来就是战士，有的被钦定为科学家，议会长老被设定为统治者。这是一个看似熙熙攘攘，实则死气沉沉的社会，没有了自然演化的风险，也没有了进化的希望，充满末世景象。

　　"超人"卡·艾尔是几个世纪以来氪星第一个自然生产的孩子。他的生父乔·艾尔说："如果一个孩子怀揣着自己的梦想，而非社会给他指定的角色呢？如果他想有更伟大的作为呢？"在这样的冀求下，乔·艾尔把自己的孩子和《基因法典》一起装上了飞行器，送向了地球。

　　规划未来角色，也不必过于固守、执拗。俗语说："三百六十行，行行出状元。"如果我们浏览《清明上河图》，会发现画中的种种职业，堂倌伙计、杂要说唱、贩夫走卒、船工轿夫等，在一百年前的中国仍是社会常态，而今天很多都已经消失了。你是否想过，今天存在于世的角色，未来有哪些会消失呢？关于职业和事业的规划，如果不考虑科技进步的变量，也不考虑自己成长过程中形成的新优势、新变化，而一味地坚持最初的"角色梦想"，可能无法更好地适应未来社会的需求。如果我们把未来角色确定在某一个岗位上,只关注某方面能力的培养,那么就很容易失去对其他角色的适应能力。因此,对于青少年来说,养成求真、向善、尚美的人格,培养自己丰富的兴趣和好奇心,要比形成一个明确的奋斗目标更重要。

举个例子,青少年可以确立"救死扶伤,传播健康"的人生理想,至于是学中医还是西医,是以脑外科、儿科还是烧伤科为专业领域,甚至是否要做医生、护士,其实都不需要用一个框架来过分限制自己。一个关怀他人健康的人,无论是做职业营养师、生物学家、药学家,还是做健康领域的记者、医学科普漫画家、专门开发健康食谱的厨师,都能发挥自己的价值。在实现人生理想的道路上,我们既需要坚持求真、向善、尚美的力量,也不能忽视灵活应对社会变迁的柔韧性。可以说,规划未来角色的远见卓识,某种程度上来源于人们对新角色的创造能力。

三、明确线上角色和线下角色

从传统讲,线下社会的角色关系,通常是建立在血缘、亲缘和地缘关系上的。最亲密的关系是亲子血缘,继而是宗亲之缘和乡土地缘。过去人们喜欢说"老乡见老乡,两眼泪汪汪",就是乡土社会的地缘关系呈现。现代社会,线下社会的角色关系还发展出了学缘、业缘关系,比如说同学、校友、同事、同行等,都是因共同经历而建立的角色关系。随着社会文化层次的差异化发展,社会中还形成了趣缘、志缘关系,也就是因为共同的兴趣、志向而联结在一起的人形成的关系。

这些角色关系,无一例外都“复刻”进了网络空间,但其密度、深度和广度都发生了变化。其中,趣缘关系得到了显著强化,志缘关系也有很大提升,例如以弘扬汉服文化为志趣的年轻人,无论身处何地,都可以在百度贴吧、天涯论坛和一些专门网站空间里聚集起来。他们还将线上的信息交流转化成了线下的汉服展示聚会,甚至吸引了主流大众媒体的关注。学缘、业缘关系的持久性变得更强,校友会、同学会、行业协会等机构,在网络空间产生了持续影响力,尤其是在扶助校友、募集善款和行业同盟等方面,正在发挥着越来越强的组织性力量。与此同时,亲缘、乡缘关系明显淡化了,这主要是由于城市化的进展消减了人们的乡土意识,同时网络本身就是跨越地理限制的空间,因此削弱了人们对宗亲、乡土的依赖。

对于青少年而言,网络空间的角色体验有何价值呢?

首先,线上角色能够加深线下角色的体验,增强我们对于自身角色设定的感受,有利于青少年塑造理想的自我。现在有许多非常有意思的专业化 App,可以帮助我们更快捷、有趣地入门,学习自己感兴趣的专业知识。比方说,如果一个人有志于从事生物学、博物学方面的工作,可以下载辨识植物的“形色”、辨识鸟类的“中国野鸟速查”等 App,参与这些社群里的兴趣活动。

线上线下,生活情景交融

资料链接

> 全国范围的野生鸟类普查活动，需要动员全国各地的观鸟爱好者一起参与。人们需要在同一天，在不同的地标上观测野生鸟类，并做出数量记录和群落记录。假如不是动员大家在同一天观测，刚好碰上某一批鸟儿飞到了不同地方，就可能会被志愿者们重复记录。这种线上学习、线下活动参与的模式，对于我们培养兴趣、社会责任感和专业能力都很有好处。

其次，线上角色作为线下角色的补充，能够帮助我们改善现实生活中的角色关系，有利于青少年应对角色紧张。越来越多的父母和孩子正在通过线上交往，重新塑造亲子关系。尤其是对于分隔两地的家庭来说，网络工具提供了人类有史以来最为贴近现实的通信。父母在外地工作，留守家中的孩子能够通过微信视频"见"到父母，聆听父母的唠叨和嘱咐，远程收到来自父母的关爱。或者情况相反，孩子到外地学习、工作，父母在家中也可以及时了解孩子的生活近况。这种交流模式，如果能够建立在相互理解的基础上，对于缓解人们的家庭分离焦虑颇有帮助。

四、需要转换角色时,该怎么办

从现实角色到未来角色,从线下角色到线上角色,我们对角色扮演的准备未必总是充分的,可能会面临各种各样的挑战。当我们需要从一种社会角色向另一种社会角色变动的时候,这种角色转换时刻,就是对我们社会适应能力的最大考验。

我们从近年来几部面向青少年的动漫作品,就可以看出角色转换给人们带来了怎样的挑战。动画电影《小王子》(法国,2015)讲述了一个小女孩和妈妈搬到新家,与一个怪老头爷爷做邻居的故事。单亲妈妈望女成凤,女孩每天都要完成许多作业,有许多成长的压力与烦恼。当她与怪老头爷爷(也是原著中的飞行员)做朋友,开始探寻"小王子"的往事时,发现了许多饱含哲理的温暖情感,找回了自我,保持了内心的纯真,与妈妈("大人世界")也能够更和谐地相处了。

电影《头脑特工队》(美国,2015)也是一个从搬家讲起的故事。因为爸爸工作变动,小女孩莱莉一家人搬到了旧金山居住。新的城市、新的房间、新的学校,陌生的老师、同学们,忙碌的爸爸、妈妈,这些都让莱莉陷入了无所适从的状态。在电影中,主管莱莉五种情绪的是头脑中的五个小精灵,分别叫乐乐、忧忧、怒怒、厌厌、怕怕。关于成长的种种记忆,结成了各种缤纷多彩的玻璃球,成长就是留下一些玻璃球(深刻记忆)、丢掉一些玻璃球(遗忘)的过程,还有一些可能会潜入记忆的黑洞(潜意识),尽管令人不舍，可这就是成长的意义。最终，莱莉和爸爸、妈妈一起面对调皮的小精灵们，重新找回了能够勇敢面对新生活的快乐。

类似这样故事从搬家开始的动画电影还有不少，像《千与千寻》（日本，2001），说的是女孩千寻在搬家路上的奇幻经历；《飞屋环游记》（美国，2009）一开头就讲到一位年逾古稀的老爷爷，说什么都不舍得搬家。还有一些动画电影，讲述了人们在身份转换中遇到的挑战和困难。《大鱼海棠》（中国，2016）是一部风格奇幻浪漫的动画电影，故事的开头就是女孩椿迎接自己的成人礼。椿和伙伴们从大海深处的神界来到人间游历，见证了"成人世界"的残酷，也在男孩鲲的笛声中感受到了那个世界的美好。因为误解和恐惧，椿失手杀死了鲲，她决心要让化身为小金鱼的鲲复活，以至于排山倒海，为身处海底世界的族人带来了灾难。在拯救鲲和族人的过程中，椿和家人付出了许多代价，最终真正从神化为了"人"。迄今为止，中国电影史上票房最高的动画电影《大圣归来》（中国，2016），讲的也是成长的故事：曾经阅尽风光，却已成为"传说"的齐天大圣，经历了陌生、隔膜、逃避甚至敌对，与经历了十世轮回的唐僧共赴西天。

从孙悟空到哪吒，从哈姆雷特到堂吉诃德……成长，是小说、电影、动漫作品的永恒主题。人们之所以喜爱成长题材，是因为从童年到少年、从少年到成年，都需要积攒足够的成长能量。其实在人生的漫长旅程中，我们总是会遇到各种各样的角色转换焦虑，无时无刻不面临着成长。旧的角色退出原来的地位，新的角色还没有定型,自己还没有足够的准备,周围环境还不那么支持和认可自己的角色方向 …… 这些矛盾、冲突、紧张,都是人们会遇到的状况。

顺利度过角色转换期,需要家人和周围环境的支持,更需要自己勇敢面对。在这里,我们提几个建议。第一,要善于汲取人类文化中的能量。文学和电影艺术能给予我们许多慰藉,阅读、观看成长故事,了解到自己之所以会面临问题,并非由于自身能力有限或"命中注定",而是成长历程中必然要经历这些调适。第二,主动面对,认清角色转换的前后因果,积极学习新角色的新规范,为进入新角色创造条件。第三,多与他人交流,坦率诚恳地请教父母、朋友,请求他们给予你更多的支持,实现角色转换。第四,保持进取心。无论年龄、社会身份如何,顺应时代和社会发展的要求而积极转换角色,都能让我们赢得角色转换的先机,不至于因被动转换而难以适应。

五、期待做更好的自己

根据媒体报道,2016 年 6 月,世界教育创新峰会(WISE)与北京师范大学中国教育创新研究院共同发布了《面向未来:21 世纪核心素养教育的全球经验》研究报告。报告以包括中国在内的 24 个经济体和 5 个国际组织的 21 世纪核心素养框架为分析对象。结果显示,最受各经济体和国际组织重视的七大素养分别是:

资料链接

张俊成是山西省长治市一所中等职业学校的校长，出生于1976年。他初中毕业后务过农，挖过矿，修过汽车，19岁时做了北京大学的一名保安。在北大西门站岗，需要应对外宾来访事务，因为一个偶然的契机，张俊成萌生了求学的想法。经过刻苦学习，他考上了北京大学法律系（成人教育专科），成为"北大保安高考第一人"。在一边读书、一边工作的那几年，为了挤出学习时间，张俊成常常申请晚上站岗，白天课间的时候也帮队友值班。毕业后，张俊成从事中等职业教育工作，带给更多孩子"知识改变命运"的机会。

自1995年以来，北大保安队有500多位保安考学深造，有的还考上了研究生。曾经是北大保安，后来考上北大中文系的甘相伟还将自传正式出版，名为《站着上北大》。

◆沟通与合作

◆创造性与问题解决

◆信息素养

◆自我认识与自我调控

◆批判性思维

◆学会学习与终身学习

◆公民责任与社会参与

这些素养，反映了时代对人才的能力要求，也反映了教育的方向。教育并不是要培养完美的人，而是希望每一个人都能够成为更好的自己。

我们知道，"学生"是青少年的主要社会角色之一。学生的主要任务，好像就是迎接一场又一场的考试，从测验考到模拟考，从中考到高考，从大学的英语水平考试、课程考试到研究生入学考试、入职考试，真可谓"过五关斩六将"。你是否思考过，学习和考试的意义是什么？在每一场人生重要的考试之后，我们是否能够坦然进入下一个阶段？

在学校，我们要学习的，除了知识和观念，更重要的是学习的方法，构筑自己的能力体系。这些能力与素养，蕴含在课程、科目中，以一个个课堂教育和实践教育环节为表现，让人们得到锤炼和成长。如果我们忽略了这些过程，只聚焦于书本知识和考试题目，实在是得不偿失。

事实上，就连考试的形式都在悄然改变，各个科目的出题方式越来越灵活，题目素材和来源也越来越多样化，缺乏这些能力和素养，恐怕连答题水平都要落后许多。每年高考结束后，都会出现一轮高考作文试题的新闻报道热潮，人们津津乐道于以作文为"风向标"的"中国式考试"，是否正在逐渐转变对人们各项能力和素养的要求。

资料链接

　　2017年的高考"全国乙卷"作文题，要求考生选择两三个关键词写一篇文章，帮助外国来华留学生"读懂中国"。关键词一共有12个，分别为"一带一路""大熊猫""广场舞""中华美食""长城""共享单车""京剧""空气污染""美丽乡村""食品安全""高铁"和"移动支付"，都是来华留学生比较关注的"中国印象"。这是个典型的任务型题目，要求考生具有创造性解决问题的能力，具有批判性的独立见解，并且能够通过写作，实现中外青年的交流和沟通；这是个开放型的题目，要求考生对这些关键词有比较全面、新鲜的了解，如果不关心时事，不关心日常生活和社会问题，可能有很多问题都无法说出所以然，因此它还考查了考生的信息素养、公民责任感。可以说，一道作文题，充分反映了时代对一个合格公民的基本要求。

　　高考并非学生时代的"彼岸"，更不是学习的终点，而是终身学习的重要转折点。

第二节　怎样学习角色扮演

一、从理念开始

对角色的学习,可以首先从学习理念着手。为了形成我们对一个社会的基本认识,主要可从两个方面来学习:一是学习角色的权利、义务和规范;二是学习角色的知觉、情感和态度。在这一节里,我们将主要通过一些网络传播案例,同时结合现实生活经验,来探讨如何学习角色扮演。

在知乎平台上有一个问题:"成为一名军官是一种什么样的体验?"回答者有 100 余位,其中,有一位署名"张海怪"的答主写到了自己的经历。他读军校时,内务要求严苛,班长严厉督促他擦寝室的床架,一丝一缝都不能粗心。后来"张海怪"来到边境驻防,成了一名身负重任的共和国卫士。在他辖区的每一公里边防线上,他对每个沟坎,每个边境点位都了然于心,分毫不离地守卫着祖国的领土。答主的满腔热血"跃然网上",我们似乎看到了那个曾经懵懂的军校大一新生,也看到了如今这个堪称国之脊梁的铁血战士。

如果你经历过军训，可能对此会有一些感受。"立正""稍息""正步走"，严肃、枯燥、反复的队列训练是重头戏，就连迈步抬腿离地面多高都要整齐划一。加上严苛的内务训练，突然袭击的"紧急集合"，在这样的角色体验中，我们不仅训练着军容、精神、态度，更学习着军队中必须集中听指挥、动作准确、协调一致的军事纪律。我们可以想象，在战斗状态中，任何错漏闪失都可能会付出生命的代价，甚至是整个战斗团队的生命，因此这些看似机械、简单化的日常训练，就是在引领人们理解士兵的权利、义务和规范，感受士兵的知觉、情感和态度，从而更加适应士兵的角色。

"英语好，是种怎样的体验？"

"有一个妹妹，是一种怎样的体验？"

"程序员年少成名，是种什么样的体验？"

"养育双胞胎，是一种什么样的体验？"

……

如果要重新划分一个文学体裁门类，我们几乎可以把这种网络问答，叫作"'体验问答'体"。知乎作为一个网络问答社区，不乏这样的问题提出者，更不乏回答问题的人。提出问题的人，和浏览阅读答案的人，其实就是以学习者的身份，希望更直接地获取经验，更全面地了解承担一个角色应有的各方面准备，尤其是在思想上的准备。

二、参与也是学习

角色学习是在社会互动中实现的。在真正承担某个角色之前，如果可以设置一个拟态环境，使人们可以通过实践参与来体验角色、领悟角色，就能够为个体创造更好的学习条件。在职业学校、大学专业教育中，类似的实习、实践环节都是非常重要的。

我们通常接受的实习、实践训练，主要与专业技能有关。其实，还有许多关于生活和人格的参与式学习，是非常有益的。比如说，很多城市都举行"慈善跑"活动，人们报名参加长跑，同时捐出自己的慈善金，共同培育一个健康、有活力、富有爱心的社会。在网络上，也常常见到类似的设置，例如在运动类 App 上积攒跑步里程或健走步数，达到一定额度后可以捐出，App 平台就会为沙漠地区捐出一棵小树苗。这种网络参与门槛低，很方便加入，且多是善心善举，常常成为风靡一时的话题，引发人们"晒步数""晒小树"的热浪。

在我国台湾地区，很多高中都会在夏季组织举办"饥饿体验日"活动。学生共同参与"饥饿 30 小时"体验，携手来到大型体育馆，一起挨饿，一起挑战身体极限，也一起彼此鼓励。一些明星也会来到现场，与年轻人一起挨饿，为他们唱歌表演，给参与活动的年轻人打气。这种极限体验，增进了年轻人的共生共存感受，使他们更为珍惜伙伴的彼此支持，同时也帮助他们体验穷困人士、弱势人士的生活状态，激发年轻人的公益心。

网络是一个充满想象力的空间,也催生了许多有意思的"参与型学习"组织。我们看美剧、日本动漫时,绝大部分的中文字幕都来自于民间自发组成的团体"字幕组"。参与者有电影、动漫爱好者,有视频特效制作爱好者,也有外语学习爱好者,其中不少成员都是有志于从事翻译和外事交流工作的人。他们凭个人爱好聚集在一起,开展密集、紧张的团队协作,通常没有任何商业营利目的。虽然自行制作翻译字幕有侵权嫌疑,不少曾经备受观众热捧的字幕组已关停,但这种参与型网络团体为网友们创造的学习机制,仍是值得回顾、借鉴的。

三、榜样:模仿的意义

角色学习是一个由模仿到认知的过程。人们通常是先模仿扮演角色,逐渐了解角色的细节,然后才逐渐过渡到对角色的认知。这一点在儿童心理发展过程中,表现得颇为显著。儿童最初的角色学习,常常就是从玩耍中的角色模仿开始的,模仿父母玩"过家家",模仿电视里的警察"抓坏人"。

角色模仿是"点对点"的传播,每个模仿者都对应一个或多个被模仿者,是典型的人际社交传播,因此角色模仿与社交网络存在许多契合之处。一旦这种模仿行为在社交网络上形成风潮,就会取得意想不到的传播效果。

2014 年,社交网络上掀起的著名的"冰桶挑战"活动,就是一

资料链接

　　肌萎缩侧索硬化（Amyotrophic Lateral Sclerosis，简称ALS），是一系列运动神经元疾病的统称。其致病原因，主要是患者大脑、脑干和脊髓中运动神经细胞受到侵袭，患者肌肉逐渐萎缩和无力，以至瘫痪，身体如同被逐渐冻住一样，故俗称"渐冻人"。由于感觉神经并未受到侵袭，因此这种病并不影响患者的智力、记忆及感觉。人们熟知的一代理论物理学大师、科学巨匠霍金就是位"渐冻人"。

　　ALS发病率在我国为十万分之四，多发生在40岁以后。由于病因不明，所以目前难以预防，也没有有效的治疗手段。ALS病程进展迅速，患者三年死亡率约50%，五年死亡率约90%，但如果能在早期进行干预性治疗，则可以大大延长生存期。

种"病毒式模仿"。起初，"冰桶挑战"是由美国ALS协会发起的，其目的是唤起大众对ALS的关注，为ALS病人募集捐款。这个精心策划的募捐活动，几乎没有付出任何金钱成本，就在两周之内席卷了全球的社交网络，使人们了解了这种罕见疾病，成为人人皆讨论的话题，最终的募款成果亦令人赞叹。

　　参与"冰桶挑战"的人，通常是被社交网络中的好友"点名"，需要拿一桶冰水倒在自己头上，拍成视频上传到社交网络，同时再点名邀请其他三位好友来参加挑战。被点名邀请的人，要么做

"冰桶挑战"一度成为热门的"网络表演"

勇敢的冰桶挑战者，要么为对抗 ALS 疾病捐出 100 美元，或者两者皆履行。这个活动形式具有趣味性，恰好契合了社交网络中"人人自嘲，不怕出丑""乐于挑战，追求自我实现"的风尚，而且浇冰水体验又让人们瞬间模拟感受了"渐冻人"的肢体失灵感，符合公益健康传播的内涵。

"冰桶挑战"之所以会火，主要是因为当时各界榜样们发挥了重要的示范作用。最初发起和传递的是美国的体育界明星，然后很快就影响到了美国硅谷的 IT 界企业家和娱乐明星，继而"燃烧"到了各国的名人圈（以企业家、娱乐明星和体育明星为主）。在中国，参与"冰桶挑战"的 IT 界名人有小米创始人雷军、优酷土豆 CEO 古永锵、奇虎 360 创始人周鸿祎、百度创始人李彦宏等，

角色扮演,榜样就是偶像

地产界名人有王石、任志强、王思聪等，娱乐明星有刘德华、吴奇隆、撒贝宁、韩庚等。这些名人在社交网络有着几百万、几千万的"粉丝"，他们不顾明星形象的参与和慷慨捐款，无疑具有一定的榜样力量。

四、创造个体角色的个性

当我们承担某个社会角色的时候，是否按照约定俗成的固有模式来为人处事，就能达到最好的效果呢？角色和个性之间的关系，一定是完全统一的吗？如果发生了不协调，我们该如何应对？是放弃一些个性，还是放弃一些角色的需要呢？这些问题，都是在我们对某种角色、身份还不太适应的时候，很容易面临的困惑。

很多人都不喜欢听父母的口头禅"你看看别人家的孩子"。其实，不光父母会唠叨孩子，有时孩子也会羡慕"别人家的爸

资料链接

在我们的印象里，"别人家的孩子"模样好，气质好，乖巧伶俐，细致周全，学习刻苦，运动全能，英语和中文一样溜，情商和智商一样高，考得上名校，进得了知名大公司，上学的时候不早恋，毕业三年就结婚……父母不断强调"别人家的孩子"，塑造着一个又一个完美的"孩子角色"，潜台词就是"你离理想的'咱家孩子'还有距离哦"。

爸妈妈如何如何"。当然还有夫妻之间、朋友之间、同事之间的相互抱怨。没有角色之间的彼此需要,就不会有这样的不满,所以我们也可以把这种源于爱和责任的唠叨,称为"甜蜜的抱怨"。

这种相互的对角色的不满,主要原因在于分不清角色榜样和角色个体。我们都应该认识到,角色榜样是一个参照指标,是供学习者参照、模仿的,但榜样作为一个独立个体来说,并不可能是完美的,更不可能被学习者完全复制。作为角色个体,每个人都会有自己的特质和个性,多数时候,这些个性特征不仅不会妨碍他们的角色承担,还可能带来一些冲破固有模式的创造力。

人们为什么会设置"别人家的孩子"来作为谈资呢?心理学家发现,人们会本能地搜索周围的信息,用来和自己进行比较,形成对自身社会角色的判断。如果"向下比较",也就是把自己的优点和别人的缺点做对比,人们会庆幸自己拥有的品质,珍惜眼前的幸福。如果"向上比较",也就是把自己的不足和别人的优势做对比,人们可能会感觉到一些挫败、失落,但这也能激励人们的进取心。其实,父母不可能对自己的孩子毫无认可,只不过在言论中强化了"向上比较",总是想要激励孩子进步。这种出发点是好的,但如果过于偏颇,把他人的榜样力量变成孩子难以平衡的压力,甚至在言语上伤害孩子,很可能给孩子造成心理阴影,而"激励进取心"的作用就更难以发挥了。

网络上一度出现的"国民老公"的说法,也是走入了类似的误区。一些女网友追看偶像剧,因为痴迷剧中男主人公的完美形象，在社交网络上成为相应男明星（角色扮演者）的"粉丝"。她们把剧中人物的人格特质现实化，不仅在网络里调侃，直呼男明星为"老公"，在现实中也以这样的完美形象来要求男性。这种分不清角色榜样和角色个体的认知状况，很可能会为人们的现实生活带来困扰。

五、积极交往，促进角色互动

近年来，有一种观念越来越得到人们的认同："一个人可以走得很快，一群人可以走得更远。"这反映了全社会在合作、交流、沟通等方面的意识都有所提升，人们更重视角色关系的叠加效应了。

既然是角色扮演，有"剧本"、舞台和规则，就必然要构建角色之间的互动，否则我们的角色扮演就成了"独角戏"。在学习承担社会角色时，如果我们能更积极地融入社交环

资料链接

在我们承担某些角色的时候，其实也是学习其他角色的好机会。比如说著名导演张艺谋、顾长卫都是摄影师出身，冯小刚曾经是舞美设计师。很多著名演员，像姜文、徐静蕾、赵薇、徐峥等，后来都尝试从事导演、制片人工作。当他们承担作为"专业者""完美者"的演员角色时，只需要尽好自己专业领域的本分，而当他们挑战导演工作时，则更像一个"协调者"和"创新者"，制片人则是"推进者"和"监督者"，这对个体综合素质的考验是非常大的。

境,主动与其他角色构建联系,实现交往互动,就可以更好地提升学习状态,获得较为理想的学习效果。

英国剑桥大学的梅雷迪思·贝尔宾(Meredith R. Belbin)教授是专门研究个体在团队中所属角色的专家。他认为一个成功的团队(也就是"能走得远的一群人")通常由9种角色构成:实干者、协调者、推进者、创新者、信息者、监督者、凝聚者、完美者和专业者。对于一个团队来说,每一种角色都很重要。只有在各种角色都齐备的情况下,一个团队才能发挥越来越出色的整体功能。与此同时,每一个角色都不是完美的,可能会有自己的弱点和问题,一个出色的团队需要包容这些短处,才可能形成稳定的结构,达成共同的目标。

团队中的角色

团队角色	团队作用	可能存在的弱点
实干者	忠诚度高,富有责任感,能够高效率地开展团队工作	观念较为现实、保守
协调者	冷静,有控制力,容易得到团队成员的信任,能够引导不同角色向着共同的目标努力	不擅长处理具体问题
推进者	工作效率高,目的明确,富有激情,能够保障团队快速行动,推进工作	情绪化,合作意识略弱
创新者	富有想象力、创造力,思路开阔,能够为团队带来有创意的目标和方法	脱离实际,不守规则

续表

团队角色	团队作用	可能存在的弱点
信息者	反应敏捷,善于交往,对外界信息十分敏感,能够及时发现新生事物和有效信息	工作热情容易减退
监督者	严肃谨慎,非常理智,善于批判分析,能够为团队权衡利弊,帮助得出准确判断	人际关系较为疏离
凝聚者	积极热情,善解人意,受到大家的欢迎,能够调和团队关系,鼓舞士气	面对危机时优柔寡断
完美者	重视细节,力求完美,做事有充足把握,能够准确完成重要的团队任务	不愿授权合作,易焦虑
专业者	非常专注,在某个专业领域具有精锐见解,能够帮助团队实现专业领域的进步	对其他领域所知较少

这些角色,未必是由多人分别承担的,有时可能一人身兼多个角色。在一个整体融洽的团队里,总有担负想象、拓展的创新者,有负责掌控全局的协调者,也有具体的实干家,以及完成具体工作的完美者和专业者。角色之间积极关联,彼此互动,最终成长为具有生命力的团队。

第三节　如何评价自己和他人

💡 你知道吗？

　　古希腊神话里有一位美少年，名叫纳喀索斯。在他出世时，他的父母去求神示，想要知道这孩子将来的命运如何。神说："不可使他认识自己。"16岁时，纳喀索斯在水中看到了自己的模样，陶醉于自己姣美的容貌，深深地爱上了自己。他忘我地坐在水边，深情凝望自己的倒影，最终因为倒影不可得而自恨，枯坐而死，化为了河边娇艳的水仙花。

　　网络已经成为社会中的"水"，无所不在地发挥着"倒影"作用。越来越多的网络新科技，是以美化个体的容貌、语言，甚至生活方式作为流行基础的。就像纳喀索斯一样，许多人将情感和欲望过多地投注在自己身上，一时因完美的自我而沉醉，一时因患得患失而自恨，形成了复杂的心态。

一、养成自我反思的习惯

　　承担角色，参与社会舞台的协作和竞争，意味着"观众"的注视和我们自身的感受同样重要。判断角色扮演得是否成功,我们是否胜任这些社会责任,需要综合考量观众评价和自我感受,形成综合评价。

自我反思可以令我们形成较为客观的自我认同,获得自信,避免自矜。如果不做自我反思,仅仅考虑他人的评价,我们很容易在不尽一致(甚至完全相左)的各种意见里陷入困顿。当然,完全不考虑别人的评价,只生活在自己的精神世界里,缺乏交流习惯,缺乏反思精神,会是更可怕的状况,是无法得出客观的综合评价的。

自我反思,主要思考什么? 主要的思路和方法,应是怎样的? 是否有一些衡量标准,能供我们借鉴?

第一个步骤,我们可以将事情发生的历程展开,对过程和环节进行反思。值得反思的事情,通常有两种:一种是感觉自己犯了错误,处理不当,想要回顾和反思;还有一种是尽管顺利完成,甚至得到褒奖和支持,但仍觉事情处理得不够完满,想要"复盘"推演,给自己更多收获。

第二个步骤,我们可以将事件中的当事人角色置换,对人们的心理和行为进行反思。尤其是在分析自己和他人的角色关系时,如果我们能更多地"设身处地",想他人所想,那么我们对事情的看法可能会产生很大的不同。这种角色心理游戏,如果能成为良好习惯,被放在事情发生前、发生过程中,也许能够及时帮助我们形成更合理的决策,校正我们对待他人的态度和做法,产生更

资料链接

　　我们经常在网上看到拉票、投票链接。一些微信公众号为了吸引更多"粉丝"关注，"刷"出高流量，大肆举办投票活动，这种过度宣传是否已经超越了原本人们参加比赛或风采展示的意义？每一个参赛者的初心，本是展示自我个性和才华，但被投票活动"绑架"之后，不少人就陷入了虚荣好胜的怪圈，在"朋友圈"、微信群里乞求投票，甚至是用发红包的方式"买票"，并且因"虚假繁荣"的票数而沾沾自喜。一场紧张、喧哗的投票比拼结束后，无论胜出与否，人们都应该安静下来做个反思。如果真的出现了让自己不愉快、不适应的时刻，反思之后，我们常常更能明白，到底是哪些环节让比赛变了味，我们是否要做网络投票的"斯德哥尔摩综合征"患者？

好的效果。

　　最后一个步骤，我们可以延伸反思，去思考如果再遇到类似的境况，我们可以怎么做。在前面两个反思步骤的基础上，关于自我和他人的见解深入了许多，我们也能更好地规划未来，要求自己形成更合理的行为模式。

　　总的来说，自我反思就是问自己三个问题："发生了什么事？""如果我是他（她），我还会这么做吗？""下次发生类似的事，我还可以怎么做？"

古人说"吾日三省吾身"，日日反省是儒家修身成为君子的标准。对于现代人来说，如果我们能养成每日静思、写写日记的习惯，或者说在若有所思时留心记录，发一条有反思精神的微博或"朋友圈"，都是不错的。哪怕是利用一些碎片化的时间去思索，也有助于我们保持良好的心理状态。

二、了解不同意见

常言说："读万卷书，不如行万里路；行万里路，不如阅人无数。"自我反思需要建立在阅历、经验和信息的基础上，我们需要不断吸收外界的营养，才可能让自己拥有精神对话的能力，形成丰富、全面的认知。

读书、行路（游历）和与人交往，都是增长见识的重要方法，能够帮助我们形成更合理的自我评价。书籍承载了数千年的人类文化和智慧，尽管世事变迁，尤其是科学技术革新巨变，但是从人文精神来讲，人类仍未脱离自身的欲望局限和认知局限，其所面临的痛苦和焦虑，和几千年前的人们曾遭遇过的痛苦和焦虑，没有什么两样。

网络为我们提供了前所未有的信息环境。利用 Google、百度等搜索引擎，我们几乎可以查找到所有现存于网络中的网页信息；利用网络档案馆、数字档案馆，我们可以调阅大部分曾经留痕于网络的网页信息；利用知乎、分答、果壳网和各种专业领域的知识网站,我们可以提问,等候高质量的回答,快速获得最专业的意见和建议。

如果我们只愿意听取与自己想法一致、接近的意见,我们不仅不能得到公允合理的评价,反而可能会适得其反,越来越偏执。罗素在《如何避免愚蠢的见识》里曾说道,我们可能会遭遇完全没有不同意见的境况。如果你身边根本没有人与你看法相左,看报纸、读书,在网络上关注各种人的账号,都无法获得不同意见,即处在

资料链接

所谓"前不见古人,后不见来者。念天地之悠悠,独怆然而涕下"的孤寂悲凉,其实是源于看不见历史,摸不到未来的认知局限。假如我们能对历史、科技、心理与人文增进一些了解,能够以阅历解惑,能够以他山之石攻我之玉,或许就不至于产生这种萧索无望之感叹。

一个绝对的"意见偏向"里,我们就要具备一种"设置假想论敌"的素养。也就是说,在自己头脑中形成两个截然不同的观点,让它们相互争辩一番。经过这样的过程,也许你会更坚持自己原来的观点,或者是选择另一个完全相反的方向。

事实上,在没有任何反对意见的时候,我们确实需要警惕,究竟是什么原因,竟然能让人们对某个问题形成如此绝对的统一意见?因为涉及角色评价的意见,如果过于绝对化,此一时的吹捧,很容易成为彼一时的捧杀。

三、多一点欣赏和友善

当我们评价他人的角色承担时,眼光不妨温柔一点,多一点欣赏和友善。

"朋友圈"里不乏"毒舌评论家",无法忍受的人们在网络里成立了"反毒舌联盟",曝光那些"毒舌论调"。一位网友说自己有一个本来联系不多的同学,自从相互加了微信"好友",就能定期看到这位同学的评论。发一张自拍照,他评论"看你胖得……";发一条国际新闻链接,他回复"关你什么事";就算发一张天气或风景图,他也能用"酸爽"的"幽默"来"毒舌"一番。这位网友屡屡不愉快,后来对这位同学屏蔽了自己的"朋友圈"。

我们发现,与现实交往相比较,人们在网络空间中更不易接受负面评价。这是为什么呢?

当我们在现实中批评一个人,向他(她)提出反对意见的时候,除了特殊的必要情况,我们一般不会选择在公开场合,面对众人对他(她)提意见。尤其是朋友之间,我们会选择较为私密的场合,用双方都比较能够接受的方式表达意见。如果你们的感情足够好,就算发很大的脾气,也是你们双方之间的情感宣泄,在意见表达出来之后,通常双方都比较容易平静下来,获得彼此的认同。

但网络就不同了。"朋友圈"是个半开放场所,只要同为你们的"好友",其他人能够清楚地看到你们在评论中的语言交流。一旦这些评论语言感性、任性,就会遭遇"朋友圈"的一场"隐形小风暴",你们之间的相互嘲讽和彼此批评就成了小范围的"公共舆论事件"。这种公共空间压力使得人们常常无法心平气和,难以妥协和谅解,有可能不断地争吵下去,甚至到决裂的地步。微博、博客、论坛更是如此,一旦批判公开化,人们之间也就不再亲密了。因此,在网络空间里,发表意见、评价对方也要尽量采用私密的方式,比如通过 QQ、微信私聊,坦率地提出看法,并以包容、理解的心态表达对朋友的支持,才不至于让朋友关系莫名其妙地变得疏离。

无论在现实空间,还是在虚拟空间,不妨对他人多一点欣赏和友善,发现更多美好的东西,收获更多的爱。

四、评价方式折射价值观

我们经常说的"三观",是指世界观、人生观、价值观。世界观,是指我们对世界的看法:当我们面对客观世界的客观现象时,是如何解释这些现象的。人生观,是指我们对人生的看法:当我们观察自己的人生,观察世界上众多人的经历时,会形成怎样的解释。价值观,则是我们对是非善恶的基本看法:当我们需要做出行为选择、态度选择的时候,会依据什么标准做出自己的决断。从整体来看,世界观影响人生观,人生观影响价值观,也就是说,我们对世界、人生的许多看法,最终会很具体地影响我们的行为和态度,包括我们对人对己的评价模式。

一般来说，"三观"的形成大致是在18—25岁。人们的价值观一旦形成，就会相对稳定，发挥比较持久的效力。在青少年时期，如果人们能够尽量打下崇真、向善、求美的价值观基础，对于终身的心理健康和幸福生活都是大有裨益的。随着经验的积累、知识的增长，我们的情感会越来越丰富，观点会越来越独立，笃定的价值观会让我们对自己的生活、工作和人生追求保持坚定的信念，不至于时时困惑、迷茫。

人们的价值观，也有可能因为激烈的环境冲突而发生变化。网络里有句流行语，叫作"毁三观"，就是说人们在环境突变的情况下，自己原有的信念发生偏移。比如说一些网络诈捐事件，剧情不断"反转"，当网友深挖信息之后，发现募捐者的确欺骗了公众的爱心。我们是否从此再也不相信网络募捐了呢？诈捐者的错误行为，是否要以其他无辜捐赠者的被漠视为代价呢？捐赠者会做出怎样的选择，与其价值观紧密相连。如果因为遭遇几次诈捐事件，就在观念上设定了"这世上没有什么好人"的看法，丧失了对世界、人生和他人的正向评价能力，看到一切事物都是灰暗的，我们就不仅放弃了给予别人善意的机会，也放弃了让自己获得幸福感的机会。

具体到角色扮演，价值观就是我们身为某个角色时，该怎样做、不该怎样做的基本标准。认识到角色的权利、义务和规范，了解角色榜样的经历和故事，为自己树立人生的灯塔，这是找到人生价值的必由之路。

💬 讨论问题 ··

    1.妈妈总是说"女孩子，要有女孩子的样子"。妮妮觉得，妈妈说得有一些道理，又好像有些没道理，可她也说不出为什么。你能帮她分析一下吗？

    2.小飞的爸爸常常用"别人家的孩子"和小飞做比较，让小飞感觉很受打击。他想和爸爸好好谈谈，说出自己的想法。你觉得他怎么说才能"以情动人，以理服人"？

    3.在生活中，我们可以通过哪些方法听取不同意见？

一学习活动设计一

1. 角色标签游戏:选择 10—15 位同学,邀请其中一位做主持人,其他人参与游戏。每个人根据自己的个性特质,写出属于自己的 5—8 个"角色标签",并将这些"角色标签"列出来,由主持人抄写在彩色便利贴上。这样,每个参与者都会对应一张彩色的"身份清单"。将所有"身份清单"顺序打乱,贴在墙面或黑板上,参与者根据"角色标签"竞猜这张清单的主人。较快被猜出身份的人获胜。

2. 学习辩论比赛的规则、流程和礼仪,尝试将辩论中的议事规则应用到网络中,理解每个角色应有的权利和义务。可以由班长在班级 QQ 群中,提出一个与班级集体事务有关的讨论主题,然后由同学们按照辩论赛制进行讨论,尊重每个人发表意见的权利,并根据程序得出相对有共识的决策。

3. 要避免网络暴力,我们需要尽可能地保护个人隐私,减少个人信息在网络上的泄露。请与你的伙伴们举行一场头脑风暴,总结我们保护个人隐私的经验,并列出一份清单。必要时,还可以请教专家的意见。将这些经验应用到生活中,把它变成一种习惯。

参考文献

1.[美]陶西格,[美]米歇尔,[美]苏比蒂.社会角色与心理健康[M].樊嘉禄,等译.合肥:中国科技大学出版社,2007.

2.[美]欧文·戈夫曼.日常生活中的自我呈现[M].冯钢,译.北京:北京大学出版社,2008.

3.奚从清.角色论:个人与社会的互动[M].杭州:浙江大学出版社,2010.

4.中共中央马克思恩格斯列宁斯大林著作编译局.马克思恩格斯选集:第1卷[M].北京:人民出版社,2012.

5.郑杭生.社会学概论新修[M].4版.北京:中国人民大学出版社,2013.

6.黄少华.网络社会学的基本议题[M].杭州:浙江大学出版社,2013.

7.[加]克里斯·罗文."被"虚拟化的儿童[M].李银铃,译.上海:华东师范大学出版社,2013.

8.余晨.看见未来:改变互联网世界的人们[M].杭州:浙江大学出版社,2015.

9. 马中红,杨长征.新媒介·新青年·新文化:中国青少年网络流行文化现象研究 [M]. 北京:清华大学出版社,2016.

10. 王珠珠,等.中国学生网络生活调研报告 [M]. 北京:人民教育出版社,2016.

后　记

　　2009年教师节期间，我就职的东莞理工学院举行了师德师风演讲比赛。学校要求所有的青年教师都要上台演说，所以我也就参加了这场"竞演"。当时我的演讲题目就叫作"享受我的角色"，不妨在这里全文引录当时的演讲稿：

　　每个人都扮演着不同的角色。生活中的我，是父母膝下永远长不大的女儿，是喜欢发点小脾气的麻辣妻子，还是个经验不足的新手妈妈，似乎总有点儿成熟不足、糊涂有余。然而每当我来到风景秀美的松山湖，迎着拂面而来的清风，我总会毫不犹豫地抛却那些任性、随意和软弱，一种神圣的责任使我变得坚定而稳健。因为，在这里，我的角色是教师。

　　教师应当扮演什么样的角色，拥有怎样的爱？教师应该承担什么样的责任？

　　我想，我们应该是圣人，有胸怀世界的博爱。旧日东林书院的楹联"风声雨声读书声，声声入耳；家事国事天下事，事事关心"，今天仍然是值得我们继承的风骨。科学精神和批判精神是

194

知识分子最有力的武器,一个懂得观察、思考、怀疑和批判的人,才是一个完整的人。作为教师,我们有责任引导学生以博爱的胸怀关注社会,关注大众,关注古今中外的灿烂文明,用科学与批判精神来强健我们的魂魄。

我想,我们应该是贤人,应当有清朗出世的自爱。孔子曾经感叹,颜回身居陋巷,每日"一箪食,一瓢饮",过着在别人看来不能忍受的苦日子,却始终能保持向往真理的志趣,孔子赞曰:"贤哉,回也!"教师人格的高贵正在于此:无论贫穷或富贵,信念始终巍峨!在东莞这样一个经济发达的城市,要做一个优秀的教师,就要顶得住喧嚣,耐得住寂寞,潜心思索,刻苦钻研,走好人生的每一步。

我想,我们还应该是侠者,有兄弟同心的友爱。大学之内,同事、同学皆兄弟。俗话说:"十年树木,百年树人。"人才培养任重道远,不可能依靠教师的个人力量完成。因此,大学教师的团队精神值得提倡,同事之间的和谐友爱尤为珍贵。同样,大学师生关系也是一种友情,教师为同学们指引人生的方向,同学们给予教师灵感和力量。真正的友情,是一株成长缓慢的植物,需要心灵的滋养,需要侠肝义胆热心肠。

常言道:人非圣贤,孰能无过。圣人,贤人,侠者,这样的教师角色定位,与其说是目标,不如说是理想。人是应该有理想的,教师作为人类灵魂的工程师,更应该是理想的创造者和践行者。所以,就让我怀有最骄傲、最洒脱、最自由的心情,享受自己的角色,向理想进发吧!

现在看来,当时的演讲稿,多少还有些年少轻狂。通篇大道理,其实是犯了演讲大忌,必须多几个小故事,让人们感动起来,才是舞台王道。不过,当时的我无论如何都说服不了自己把时间花在说故事上,因为当我想到"师德师风"的时候,这些角色的代入感就是我最真实、最强烈的感受,我是如此热切地希望把这些话都说出来。这种激情燃烧的感觉,让我没心思去拿捏演讲技巧,只想痛痛快快地说一场。

那天的演讲,并没有拿什么大奖,却因为说了掏心窝的话,引发了一些共鸣。演讲后结识了几位彼此认同的新朋友,至今我们都是可以交心的好友。

2016 年年末,当宁波出版社的袁志坚总编辑发出邀约时,我非常幸运地得到机会,能够来写这本书,更深入地谈谈我对角色的认识。不试试,就不知道深浅。尝试过,才知道这个挑战不小!我不能再"任性演说"了,更不能把自己当成那个拿着麦克风的主讲者,而是必须要考虑我的读者将是一群青少年朋友,以及关心他们成长的老师和家长。青少年朋友们对网络时空和虚拟社会的感受,究竟是怎样的? 对角色扮演的经验和看法,会是怎样的? 对其中的每一个细节,会有什么样的见解? 如果我写的"大道理",他们看不下去怎么办?

在写作的时候,我几乎时刻都在想着这些问题。每逢写作陷入停滞的时候，我就假想自己正在和青少年朋友聊天，就这些细节展开各种各样的提问，然后把这些问题记录在书里。有些问题，我写出了一些可参照的建议，权且作为一种讨论和交流；有些问题，则根本没有回答，是留给读者，留给未来的。

真诚感谢丛书主编罗以澄老师，他以前瞻的视野、慈爱的胸怀，辛勤探索青少年朋友的未来。感谢袁志坚总编辑的精心策划和可贵建议，没有他的鼓励，我可能不会"走出舒适圈"，挑战这样一个直面青少年教育的未知领域。责任编辑陈静女士为本书付出了很多心血，我们也成了无话不谈的好朋友。感谢我的家人，是他们陪伴我度过了这些忙碌的日子，给我力量。

如果说年少时的我，面对教育者这份职业，还能轻松"享受我的角色"，今天的我反倒踌躇了。教育者的责任，沉甸甸的，需要时间，需要理想，需要爱。

张艳红

2017 年 7 月 25 日于东莞松山湖

图书在版编目（CIP）数据

虚拟社会与角色扮演/张艳红著.— 宁波:宁波出版社,
2018.2

（青少年网络素养读本.第1辑）

ISBN 978-7-5526-3089-3

Ⅰ.①虚…Ⅱ.①张…Ⅲ.①计算机网络—素质教育
—青少年读物Ⅳ.① TP393-49

中国版本图书馆 CIP 数据核字（2017）第 264154 号

丛书策划 袁志坚		**封面设计** 连鸿宾	
责任编辑 张利萍 陈 静		**插 图** 菜根谭设计	
责任校对 虞姬颖 李 强		**封面绘画** 陈 燏	
责任印制 陈 钰			

青少年网络素养读本.第1辑
虚拟社会与角色扮演

张艳红 著

出版发行	宁波出版社
地 址	宁波市甬江大道 1 号宁波书城 8 号楼 6 楼 315040
电 话	0574-87279895
网 址	http://www.nbcbs.com
印 刷	宁波白云印刷有限公司
开 本	880 毫米 ×1230 毫米 1/32
印 张	6.5 插页 2
字 数	140 千
版 次	2018 年 2 月第 1 版
印 次	2018 年 2 月第 1 次印刷
印 数	1—10000 册
标准书号	ISBN 978-7-5526-3089-3
定 价	25.00 元

如发现缺页或倒装，影响阅读，请与出版社联系调换 电话：0574-87248279